疯狂博物馆——

象族小王子

陈博君　张雨嫣/著

ZHEJIANG UNIVERSITY PRESS
浙江大学出版社

目 录

引子　看不了动画片

　　闷热的夏天，最期待的便是雷阵雨啦，听着窗外哗哗的雨声，卡拉塔舒服地窝在沙发上看电视。

　　已近中午时分，阵阵饭菜的香味从厨房飘来，但卡拉塔依旧不为所动，因为新出的《冰川时代6》实在太精彩啦，勾起了他对前几部影片的好奇。

　　"卡拉塔，吃饭啦！"卡妈一边在餐厅里摆放着碗筷，一边扯着嗓子喊道。

　　"知道啦，知道啦，我一会儿就来！"沉浸在动画片情节里的卡拉塔，敷衍地应声道。

　　见卡拉塔磨磨蹭蹭的，忙了半天的卡妈有点不高兴了："卡拉塔，你今天已经看了一上午的电视，不要再看了！"

　　"等等，等等！猛犸象曼尼都被坏人给抓起来啦！"卡拉塔并没有察觉到妈妈的不满，仍旧目不转睛地盯着电视。

　　"你再不过来，我把电视给关了啊！"卡妈真的生气了。

　　"再等一下嘛，正看到最关键的地方呢！"

　　"不行！"卡妈气冲冲地跑过来，态度坚决地关掉了电视。

啪嗒一声，电视屏幕变黑了。卡拉塔愣在那里，气鼓鼓地嘟起了嘴。

揣着一肚子的小脾气，他极不情愿地坐到了餐桌前，快速地扒了几口饭，便站起身来："好了，我吃完了。"

卡拉塔刚想回到电视机前，却被妈妈喝住了："坐下！看动画片只是让你放松放松的，怎么能看这么长的时间？再看下去，小心眼睛给看坏了！"

"可是动画片里也可以学到知识啊，像我刚刚看的动画片，就可以知道很多冰川时期的事情呢。"卡拉塔争辩着。

卡妈却完全不吃这一套："那才能学到多少知识啊？你要真是抱着学习的态度，还不如直接去看书呢。"

卡拉塔只好跑回自己的房间，一边生着闷气，一边回味起了动画片里的情景。

呼啦——呼啦——窗外的风雨声将卡拉塔拉回了现实。他探头朝窗外张望，只见树木在狂风中东倒西歪地挣扎着，空中的昆虫张皇失措地四处飞蹿，仿佛生怕被豆大的雨滴拍倒在地上，就会再也飞不起来。

突然，天空中划过一道闪电，卡拉塔吓得赶紧缩回脑袋，眼睛的余光不经意地瞥到了书架上的那只玩具仓鼠。

"嘿嘿，我怎么把这个淘气的小坏蛋给忘了呢？"卡拉塔不禁捧起嘀嘀嗒，得意地坏笑起来，"有了这只小神鼠，我还怕看不了《冰川时代》吗？妈妈不给我看动画片，那我索性去冰河世纪走一趟！"

"又怎么啦？"被唤醒的嘀嘀嗒睁着一双无辜的大眼睛，看看外面亮闪闪的雨帘，小嘴张成了O字形："哇，下雨了耶，还真不小！"

"是呀，突然觉得自己好幸福呢！"卡拉塔笑了起来。

"哦？这怎么说？"嘀嘀嗒一脸懵。

"你想啊，在晚更新世的时候，一旦下雨，那些原始人就只能躲进山洞里，多可怜呀！"卡拉塔想起了动画片的情景。

"怎么，你还知道晚更新世啊？"

"当然啦！我还知道那个时期的好多动物呢，什么猛犸象啊，剑齿虎啊，树懒啊，松鼠啊……"

"打住！打住！我可郑重申明哦，松鼠可不是那个时期的。"

"啊？可是我看动画片里……"

"暴露了吧，你的这点小知识，都是动画片里看来的吧？"

"那怎么了，这也是获取知识的一个渠道嘛！那猛犸象、剑齿虎总没说错吧？还有原始人……"说到这里，卡拉塔的眼中充满了向往。

"看你这样子，肯定是想去晚更新世看看了吧？"嘀嘀嗒满

引子　看不了动画片

脸一副洞悉一切的神态。

"嘿嘿，真不愧是我的好兄弟，我心里想什么，你一下就能猜出来了。"

"可不！"嘀嘀嗒满脸得意道，"那还等什么，赶快出发去自然博物馆喽，我已经知道你想变什么了。"

"这么厉害？我可是一点儿提示都还没有给你呢。"

"这有什么难度吗？"嘀嘀嗒摊摊手，"你就想变成猛犸象呗，我没说错吧？"

一　嘎啦啦，嘎啦啦

听说卡拉塔想去博物馆学习知识，卡妈欣然同意。

卡拉塔悄悄带上嘀嘀嗒，迫不及待地来到了自然博物馆。对他来说，这座博物馆虽然已经不再陌生，但里面的空间布局，他却总是搞不太清楚。

"嘀嘀嗒，我记得好像哪个展厅里有猛犸象的化石，咦，到底是哪儿呢？"刚进博物馆，卡拉塔便又像个没头苍蝇一样了。

"你都来过这么多次了，还不知道使用引导查询系统啊？"嘀嘀嗒一脸的无奈。

"引导查询系统？"

"对啊，你看前面那个电子屏，只要把你想找的动物名字输进去，很快就能找到啊。"

"哦哦，那我去试试。"说着，卡拉塔几步跑向那块斜面朝上、跟他差不多高的台子跟前，伸手轻轻一碰，那小小的电子屏上果然就显示出了检索栏。

"摸恩猛，摸阿犸，猛犸象……"卡拉塔口中念念有词地把他最喜欢的猛犸象输了进去。

可是电子屏上竟提示没有该展品！

"怎么回事？"卡拉塔感到十分意外，"我明明记得这个博物馆里有猛犸象的化石啊，怎么会没有呢？"

嘀嘀嗒眨眨眼睛："你再好好想想，会不会是把别的象当成猛犸象了？"

卡拉塔咬着手指，歪过脑袋仔细回忆了一下："不会的！我想起来了，那个化石旁边的说明牌上，确实写着'猛犸'二字，我当时不认识这两个字，还特地记下来回家查了呢。"

"是这样啊！"嘀嘀嗒眼睛一亮，"那你输入真猛犸象试试看。"

"真猛犸象？猛犸象还分真的假的呀？"卡拉塔瞪大了眼睛。

嘀嘀嗒努努小嘴："你试试不就知道了。"

卡拉塔将信将疑地照着做了，只见屏幕上的一个灰色圈圈嘟噜嘟噜转了两下，果然出现了真猛犸象标本的信息。

"天呐！还真的是！"卡拉塔惊讶得不知道说什么好。

嘀嘀嗒得意地回回小爪："哈哈，别愣着了，二楼'生命的家园'展厅，走吧！"

"这到底是怎么回事啊？"卡拉塔一边跟着嘀嘀嗒向二楼跑去，一边还沉浸在自我质疑的世界里。

见卡拉塔如此纠结，嘀嘀嗒不禁又大笑起来："好啦，我来告诉你为什么吧。"

"不要！让我自己思考一下！"卡拉塔这个小学霸的较真劲儿突然上来了。

嘀嘀嗒捂着嘴笑："坚持独立思考？"

"当然！"

"不错，这个态度值得表扬。"嘀嘀嗒竖起大拇指。

"嘿嘿，"受到夸奖的卡拉塔有点羞涩地摸摸脑袋，"我觉得吧，总不至于有假猛犸象的，那这个真字，应该就是有别的意思了。"

"这个思考方向有点对路了哦。"嘀嘀嗒又及时给了卡拉塔一个鼓励。

"是吗？"被鼓舞的卡拉塔顿时来劲了，"之前我们去白垩纪变身的霸王龙，其实是雷克斯暴龙，不也是暴龙的一种吗？难道这个真猛犸象，也只是猛犸象的一种，对不对？"

"这位同学太聪明啦！"嘀嘀嗒鼓起掌来，"你要找的真猛犸象，又叫猛犸象，确实是猛犸象的一种。另外，还有帝王猛犸、北美侏儒猛犸、平额猛犸、罗马尼亚猛犸、哥伦比亚猛犸、弗兰格尔猛犸……"

"停停停！我知道了，就是还有好多种类的猛犸象呗。"卡拉塔被嘀嘀嗒这一长溜报菜名似的"猛犸"给弄晕了，要是不赶紧让他刹车，这个爱炫耀的臭老鼠还不得说到天黑去！所以卡拉塔赶紧岔开了话题，"嘀嘀嗒，你看我们到展厅了呢！"

"地球的家园"是一个大型的复合展厅，分成好几块圆弧形区域，通过巧妙的设计，在视觉上形成了一个个迷你但又相互连接的独立展览区域。展厅的边缘嵌着淡蓝色灯带，营造出一种神秘的氛围；沿着蜿蜒的鹅卵石小路走进去，各种各样的动物标本就像一件件艺术品似的矗立在展台上，在生动逼真的复原场景衬托下，无声地向游客展示着大自然的神奇力量。

"哇，披毛犀！猛犸象应该就在附近了。"卡拉塔指着一尊不到两米高的动物化石，兴奋地跑了过去。而眼尖的嘀嘀嗒却一下子就发现了不远处一对长着弯曲长牙的动物标本："嗨，你真是大眼无光啊，这个不就是你要找的猛犸象嘛！"

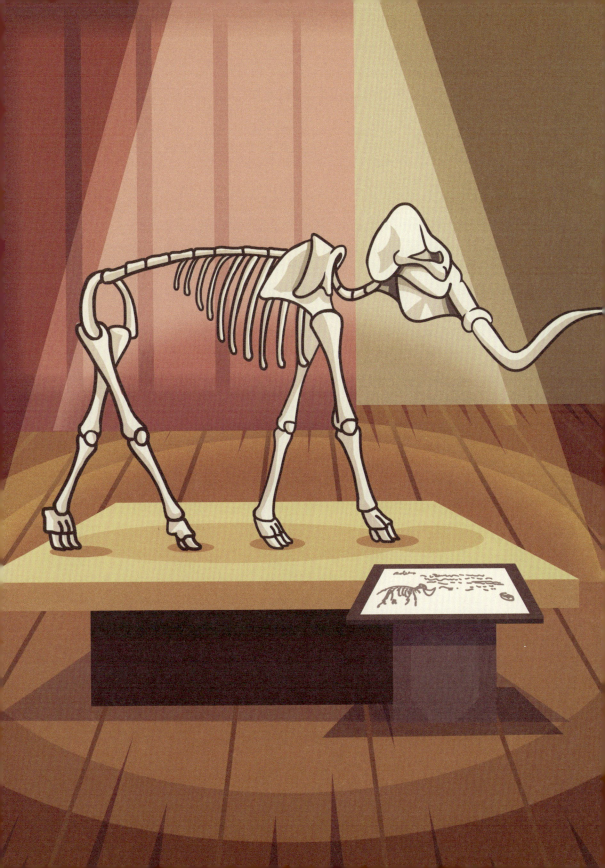

"乌拉！猛犸象啊长猛犸象，总算找到你了。"卡拉塔说着，满脸期待地望向嘀嘀嗒，"可是，这具化石怎么只有骨头啊，感觉好陌生、好有距离感啊……"

"懂啦！"嘀嘀嗒极有默契地耸耸小鼻子，掏出银口哨放到了嘴边。

咻——咻——咻——

熟悉而又清脆的哨声，再一次不负期望地将卡拉塔带入一个混沌而神秘的世界，最终把他送到了一片望不到边际的绿色森林里。

刚刚清醒过来的卡拉塔，一眼看到了嘀嘀嗒的发型，忍不住咯咯咯大笑起来："哈哈哈，曼尼，曼尼！"

"什么时候开始的，变完身了还带改名字的啦？不要不要，我觉得还是嘀嘀嗒好听。"

"不是啦，我说的是你的发型，和动画片里的猛犸象曼尼一模一样！"

"哦？那是个什么造型？"嘀嘀嗒伸出长鼻，臭美地摸摸自己的后脑勺。

"像一个大喷泉那样，哈哈哈哈！"

嘀嘀嗒赶紧用鼻子抹抹头发："帅气的我居然是这么个造型？一定是森林里的湿气太大，搞得我都炸毛了！"

"湿气大？对了，我刚才还想问呢，为什么我们会在这么茂密的森林里？我看动画片里的猛犸象，都是生活在雪白的冰川里的啊。"

"你肯定没把那部动画片看完吧？"嘀嘀嗒理完发型，满意地拍拍双肩，"大部分猛犸象是生活在冰川之间没错，但是这个冰河世纪气候十分多变，加上原始人的追杀捕猎，一部分猛犸象选择躲进森林里。"

"原始人！"卡拉塔兴奋地睁大眼睛，"你是说我们可以在这里看到原始人？就是那种裹着兽皮，拿着石头捕猎的原始人？"

"嗯，不过他们可不只会用石头捕猎哦，不同部族的原始人，特点都不一样的，有会用石头打火的，有会种水稻的，有住在洞穴里的，有喜欢在头顶上绑羽毛的，甚至还有举着长矛捕猎的……"

"哇呜，那太酷了！在哪里能找到他们啊？"

"高山上、溪水旁、冰川间，只要环境适宜的地方，都会有原始人的踪迹。"

卡拉塔兴冲冲地甩甩鼻子："那还等什么，我们赶紧出发，去找原始人吧！"

哗啦啦——一群鸟儿不知是不是被卡拉塔的喧哗声惊吓到

了，慌里慌张地在枝头拍打着翅膀，弄得树枝沙沙作响。

"嗯，好。"嘀嘀嗒嘴上答应着卡拉塔，脚上的动作却非常缓慢，眼珠子最大限度地转向四周，耳朵也高高地竖了起来，仔细地聆听着周围的动静。

卡拉塔见嘀嘀嗒的小耳朵一动一动的，知道他肯定发现了什么，就压低了声音问道："你在找什么？是不是已经发现原始人的踪迹了？"

"嘘——"嘀嘀嗒示意卡拉塔闭嘴。

卡拉塔赶忙点点头，还煞有介事地用鼻尖在嘴边画了一道线，那意思是你放心，我的嘴已经闭得像拉上了拉链一样，严严实实的，不会发出半点声音啦！

嘀嘀嗒却没有理会他那浮夸的动作，而是专心地聆听着森林里的动静。

看到嘀嘀嗒满脸的严肃，卡拉塔也瞪大眼睛，认真地寻觅起原始人的踪迹。

可是过了好一会儿，别说原始人了，连个猩猩的影子都没看见。

卡拉塔揉揉瞪得有些发涩的眼睛，说："我们这么个找法，什么时候才能找到原始人啊？"

"我没在找原始人。"嘀嘀嗒皱着眉头。

卡拉塔顿时感觉自己被耍了："啊？那你装腔作势地看了半

一 嘎啦啦，嘎啦啦

天，看什么呢？"

"我有一种预感，总好像这里有什么东西在盯着我们。"

"嘁，我看你是得了被害妄想症吧？神经过敏！"

"真的！你不觉得我们每到一个地方，都会莫名其妙地遭受攻击吗？你想想，我们刚到寒武纪，就遇到了海百合，一到泥盆纪，又遇见了邓氏鱼……"

"然后到白垩纪，又遇上了风神翼龙是吧？我知道你要说什么了，那都是巧合好吧。"卡拉塔一副不以为然的神态，"再说了，现在我们可是猛犸象了唉，这么庞大的体型，还有什么可怕的呀！"

"可是一物降一物啊！在白垩纪的时候，我们变成了霸王龙，不照样被风神翼龙欺负？体型再大的动物，也还是有敌人的。比如，万一被毒蛇、毒蝎咬上一口，也够我们受的了！"

"嘶——你这么一说，好像也有道理哦。"卡拉塔倒抽一口冷气，不禁小心翼翼地跟在嘀嘀嗒身后，变得警惕起来。

不知何时起，郁郁葱葱的森林里升起了一层轻纱般的薄雾，迷蒙的雾间回荡着许多声音。卡拉塔侧耳倾听，有清脆悠扬的鸟啼声、叮咚作响的泉水声、松针叶掉落在草地上的沙沙声、小动物踩过枯枝发出的咔嚓声……这些声音完美地交织在一起，显得那么宁静安详。

突然，雾气下传来一阵突兀的声音，蓦然打破了这份安宁和谐。

嘎啦啦——嘎啦啦——就像爱讲故事的老爷爷手中不停地揉搓着的紫檀手串珠子，在互相撞击时发出的声音。

这声音立马引起了卡拉塔的警觉："嘀嘀嗒，你听！"

嘀嘀嗒也已经注意到了响声："是响尾蛇。"

"响尾蛇！"卡拉塔浑身一哆嗦："嘀嘀嗒，你这个乌鸦嘴，说什么还真来什么。"

"嘘——"嘀嘀嗒稳住身体，缓缓地收回前脚。

覆盖在土壤上那层薄薄的落叶忽然鼓了起来，"嘎啦啦"的声音越来越响，彻底暴露了响尾蛇的行踪。

"还好，只是一条成年的响尾蛇。"嘀嘀嗒长舒一口气。

"好什么好呀，要是条小响尾蛇，没准我还能一脚踩死他。可这成年的响尾蛇，经验肯定很老到，我们还是早走吧，说不定没等我们下手，就被他反咬一口了。"说着转身想跑。

嘀嘀嗒一把拉住卡拉塔："你别慌，响尾蛇之所以能发出'嘎啦'声，是因为尾巴上有响环。他们每脱一次皮，就会多一个响环，响环越多说明蛇的年纪越大。"

"那你还不快跑？"卡拉塔被嘀嘀嗒说得更害怕了："这个'嘎啦'声这么响，肯定是条老蛇精了，你还在这里磨蹭什么，等死啊！"

"不用怕。这个嘎啦声，只是响尾蛇对入侵者的警告，说明他并不想主动攻击我们。反倒是年幼的响尾蛇没脱过皮，尾部只有一个响环，根本发不出什么警告声，一旦感觉到危险就只会发动攻击。而且年幼的响尾蛇要么不攻击，一旦攻击起来就会释放全部的毒素，那才更危险呢。"

卡拉塔将信将疑："难道成年的响尾蛇攻击就不会释放全部的毒素了？"

"没错，成年响尾蛇经验老到。当他们感受到威胁时，不会轻易发动进攻，反而是会先启动防御装置。"

"防御装置？"

“就是通过响尾向入侵者发出警告，这个时候，他们即便进攻，也只会用上极少量的神经毒素，甚至完全不用。”

“哇，这响尾蛇还挺会节约的。这么说来，这条响尾蛇'嘎啦嘎啦'响了这么久，都没有攻击我们，他应该是不打算咬我们啦？”

“应该是这样的。不过我们还是得小心点儿，免得不小心惹着他，还要白挨一顿咬。”嘀嘀嗒一边说着，一边继续往后撤退。虽然这个后退姿势对于笨重的猛犸象来说有点尴尬，但卡拉塔可不想这么快就结束冰川之旅，所以只能学着嘀嘀嗒的模样，一扭一扭地退出了响尾蛇的领地。

树根边有土拨鼠正钻出土壤，看到两头猛犸象正在扭着屁股倒退，止不住地"咯咯咯咯"大笑起来。听到笑声，腐木里的蚂蚁钻出了脑袋，正在拱地的野猪也回过头来，大家都好奇地盯着这两只有点狼狈的猛犸象。遭到围观的卡拉塔和嘀嘀嗒觉得好难为情啊，但是没办法啊，谁叫他们惹到了这片树林的地头蛇呢。

大家沉浸在这滑稽的场景里，谁也没注意到，茂密的树丛后面，有两双眼睛正直勾勾地盯着这两头猛犸象。

“小首领，就他们这个傻样，还是算了吧？”

“你懂什么，没听他们说的吗？带上这两个家伙肯定有用！”

二 送上门的向导

卡拉塔和嘀嘀嗒小心翼翼地往后退了好久，才退到了安全的地方。

"哎哟，总算安全了。我们刚才的样子，肯定糗死了。"险些被自己绊倒的卡拉塔，瘫坐在柔软的草地上。

"糗是糗了点，但起码能保证我们平安无事嘛。"嘀嘀嗒也坐下来休息。

"我还以为运气这么好，一来就能碰到原始人呢，原来是闹了这么一个大乌龙！"

"你急什么呀，既来之则安之。这里又不是只有原始人，有趣东西多得是呢，哺乳动物里的'铁甲武士'是什么，想不想了解一下呀？"

一听这个称号，卡拉塔就来了兴趣："'铁甲武士'？听起来很威武啊，是个什么动物？"

"这个动物名叫雕齿兽，形状很奇特，怎么给你形容呢？"嘀嘀嗒歪头想了想，"嗒，有点像你妈妈的车子。"

"你是说甲壳虫吗？"卡拉塔有点兴奋。

"对，不仅是形状像，体积大小也差不多，有的甚至比车子还要大。"

　　"真的假的？"

　　"当然是真的啦，这种动物长着狼牙棒似的尾巴，头顶有一个坚硬的骨冠，整个背上覆盖着近千片骨板组成的甲壳，加上以吨计数的体重，一般动物根本不敢招惹它。"

　　"好像很厉害的样子嘛，可是背着这么大的甲壳，雕齿兽行动会像乌龟那样慢吞吞的吧？"

　　"这你就错了，他可比乌龟要灵活多了！乌龟的壳是由背部的脊椎骨、肋骨与胸骨衍生而成，是身体骨骼的一部分。换句话说，乌龟脱离了壳根本活不下去。因为壳的束缚，他们当然只能慢吞吞地前进了。"

　　"哇呜，原来是这样，我说为什么乌龟总是背着又大又重的壳呢。那雕齿兽呢，难道他的壳是可以脱下来的？"

　　"雕齿兽背上的甲壳其实更像鳞甲，是由表皮结构衍生出的骨片和角质化的硬皮镶嵌而成，并不是身体的骨骼部分，所以相对要灵活很多。虽然直接脱下来并不会妨碍他一般的生命活动，但是毕竟连接着皮肤……"

　　卡拉塔浑身一激灵，下意识地摸摸自己的皮毛："嘶——听着有点痛哦。"

二 送上门的向导

　　"总之，雕齿兽是绝对不会让你失望的。不过这种气候带上的数量有点少，在南边应该会比较好找。"

　　"真想去亲眼看看。"嘀嘀嗒果然成功勾起了卡拉塔对这个"铁甲战士"的极大好奇。

　　"我知道雕齿兽在哪里！"随着一声好听的声音，一只漂亮的深褐色猛犸象从森林的雾气里走了出来。他洁白的象牙弯成两道优美的弧线，柔顺的毛发像瀑布一般整齐地披垂下来，随着步履的移动，太阳反射的光泽就像调皮的小孩儿一样在他的身上跳来跳去。

卡拉塔看看自己，又看看嘀嘀嗒，再看看眼前这头猛犸象，不禁大为感叹：世间竟有这么好看的猛犸象，这一定是来自天上的神兽吧！

但下一秒，他的幻想就破灭了。

只见这头小帅象甩起长长的鼻子，一只脚踏在石块上，十分痞气地挑了挑眉头："让完美的我带你们去找雕齿兽吧！"

卡拉塔和嘀嘀嗒吓了一跳，他俩默契地对视了一眼，用复杂的眼神打量起了这只猛犸象：这外表和内在的形象，落差也太大了吧。

漂亮的猛犸象似乎根本不在乎别人的目光："怎么都不说话了？是在惊讶我顺滑的毛发呀，还是在赞叹我英俊的脸庞？"

"无事献殷勤，非奸即盗。"嘀嘀嗒忽然警惕起来，"你是谁？叫什么名字？从哪里来的？要到哪里去？为什么要带我们去找雕齿兽？"

一串连珠炮似的提问，带着浓浓的敌意机关枪般扫了过去。

"哇哦，哇哦，别这么紧张，我的朋友，你们看我这样子，也不像是个坏人吧。"

"谁跟你是朋友啊，你先好好回答我们的问题！"卡拉塔也不理会他的油腔滑调。

"好好好，我说。"漂亮的猛犸象竖起鼻子，做出了投降的样子，"我叫夏木，来自北边美丽的冰雪山川，是一个自由潇洒的浪人。至于要去哪里？不不不，永远不要问一个浪人，目的地在哪里，风吹的方向，就是我前行的方向！"

卡拉塔很不太习惯这种浮夸的说话风格："那你就是不知道自己要去哪儿呗！你这自由的灵魂，自由地走不就得了，拉上我们干什么？"

"嘿，你们不是说要找雕齿兽嘛，那我正好认识一只特别厉害的，我这么热心助人，就带你们去好啦！"

嘀嘀嗒觉得这个夏木很有问题，就脱口道："你还偷听我们说话，果然不是什么好人！"

话音刚落，不知打哪儿飞来一颗小石子，正好狠狠砸中了他的脑袋。

"哎哟喂，谁呀？！"嘀嘀嗒生气地揉了几下脑袋，四下巡睃起来。

"嘿嘿，让你乱说话，惹到我的粉丝了吧。"夏木捂着嘴偷笑起来。

"我哪有乱说话，你明明就偷听了！"

"你们的说话声这么大，山那边的原始人都要听到了，我听见有什么奇怪的？"

"你知道原始人在哪里？"卡拉塔一听到原始人这三个字，

二 送上门的向导

眼里立马放光。

"知道啊，从这里的森林到那边的雪原，就没有什么是我夏木不知道的。"小帅象昂起下巴，"何况我长得还这么好看，跟我一起走，一路上都是羡慕的眼神，怎么算你们都不吃亏的。"

"是呀，嘀嘀嗒，反正我们走也是走，多一个熟悉路的同伴，岂不是更好？"受到原始人诱惑的卡拉塔，开始替夏木帮腔。

可嘀嘀嗒见夏木三句话不到就要夸一遍自己，浑身的鸡皮疙瘩都起来了，偏偏这时候卡拉塔却开始动摇了，他只好说："那你退一边去，让我们先商量一下。"

说着，嘀嘀嗒拉过卡拉塔往前走了两步，背过身："你确定要和他一起走吗？"

"我看他除了有点自恋，说话虽然怪怪的，倒也不像是什么坏人。"

"是吧，我也觉得他怪怪的，居然主动跳出来给我们当向导。"嘀嘀嗒压低声音，"而且猛犸象一般都是群居的，可他却独自在外面晃悠，很可疑啊！"

"你总是这么疑神疑鬼的，在寒武纪也是，人家小尼兄弟多热心啊，你也说人家怪怪的，事实证明你还不是多疑了？"

卡拉塔和嘀嘀嗒一边小声嘀咕着，一边不时地瞟一眼身后的夏木。

夏木见他俩磨磨蹭蹭的，干脆眯起眼睛，装腔作势道："哎呀，我听说其他雕齿兽早都往南方去了，要是没有我带路，谁也别想找到这个大师！不过呢，你们要是实在不相信我，那你们只得自己跨海去找别的雕齿兽喽。"

夏木的话，像小虫子一样钻进了卡拉塔的脑袋里，弄得他心里痒丝丝的，不断地劝说嘀嘀嗒："这里的雕齿兽真的不太好找的哩，我看咱们还是跟他去吧。我觉得这头自恋的猛犸象不会是坏人，我看过《冰川时代》那个猛犸象曼尼，就是因为家人都遇难了，才总是形单影只的，我觉得夏木很有可能也是这种情况。"

嘀嘀嗒无奈地扶住了额头："怎么你这么天真啊？他说两句，你就相信他啦？"

"哎呀，反正他也就是跟我们差不多大的小猛犸象，又吃不了我们，怕啥？你要是觉得还不放心，那我们再多盘问他一下。"

嘀嘀嗒实在拗不过卡拉塔，只好回身走向夏木："我们呢，可以考虑跟你走，但是，我还得再问你几个问题。"

"问吧。"夏木爽快地答应道。

"你看他，多么爽快呀！"卡拉塔在一旁帮腔。

嘀嘀嗒白了卡拉塔一眼，像个大家长一样板起了脸："其实我们也不是不相信你，但是你这样平白无故地带我们去找雕齿

25

二 送上门的向导

兽，我们也不好意思啊。"

夏木倒也不客套："那行，这样吧，我带你们去找雕齿兽，你们陪我去找原始人，很公平吧？"

听了夏木开出的"条件"，卡拉塔开心得不得了，连声说道："公平公平，太公平啦！"

"啧，你给我矜持点！"嘀嘀嗒侧过身，挡住喜形于色的卡拉塔，"你想想，一般的素食动物，看到原始人躲还来不及呢，他却要自己送上门去，你不觉得奇怪吗？"

"这有啥奇怪的？我们不也要去看原始人吗？你想太多了啦！"卡拉塔的嘴角都快要咧到天上去了。

"这能一样吗？"嘀嘀嗒觉得卡拉塔已经完全被冲昏了头，"你知不知道，很多原始人就是以猛犸象为食的，这个夏木不知道要搞什么幺蛾子，我们可不能被他利用了！"

"能怎么被利用？我们就远远地看两下，看完就走，不会有什么危险的。"卡拉塔已经完全听不进嘀嘀嗒的劝告了。

夏木见这两只小象又背着自己嘀嘀咕咕的，就摆摆长鼻道："嘿，兄弟们，你们要是这么害怕原始人，我也不勉强啦，那我先走了啊。"

"哎，别走别走，谁说我们害怕了，一起呗，兄弟！"卡拉塔生怕夏木走掉，赶紧跑过去跟他勾肩搭背起来。

"我的天！"嘀嘀嗒仰天长叹一声，"算我白说。"

夏木笑嘻嘻地挤到嘀嘀嗒身边："别垂头丧气呀，兄弟，有点冒险精神嘛。原始人而已啦，等见了雕齿兽大师，我让他先教你们两招防身术！"

"好吧好吧，一起走一起走。"嘀嘀嗒被他们软磨硬泡得实在没办法，只好点头答应，"不过，你这个说话的语气，真的让人不好接受！"

卡拉塔拍拍嘀嘀嗒的背："人家肯带我们走就不错啦，嘀嘀嗒，别要求这么多了。"

夏木却对嘀嘀嗒的劝告充耳不闻，回头对着森林流里流气地大声唱道："呜呼——我亲爱的朋友们；呜呼——我有两个兄弟一起走；呜呼——我们要跨过山蹚过河；呜呼——先去找那怪脾气的小老头儿……"

嘀嘀嗒的腮帮子气得鼓了起来："卡拉塔，你看他那疯疯癫癫的样子！我要反……"

"悔"字还没说出口呢，嘀嘀嗒就被卡拉塔一鼻子堵上了嘴："哎哎，来不及了，来不及了。"

愉快的夏木则边唱边跳着，迈开大步向前走了。

"夏木，等等我们，等等我们呐！"卡拉塔兴奋地拽着嘀嘀嗒追了上去。

二 送上门的向导

三　山林一霸

　　他们迎着朝阳穿过了一大片山林，林间成群的三趾马、野牛见到了夏木，都热情地打着招呼，夏木也十分巨星做派地扬着靓发回应大家。

　　不知不觉中，他们登上了一座大山包。性格活泼的夏木一路上又是讲故事，又是唱歌的，还不时地问一个问题，比如："亲爱的朋友们，你们知道在这片山林里，最可怕的是什么吗？"

　　"嗯——是响尾蛇吧？"卡拉塔抢先回答。

　　"不对。"夏木摇了摇头。

　　"那是硕大的泰坦鸟？"卡拉塔想起了自然博物馆里看到的化石。

　　"也不对。"夏木还是摇头。

　　"那么，是暴躁的野猪？强壮的洞熊？还是成群结队的鬣狗？"卡拉塔不死心，继续把脑袋里想到的动物都猜了一遍。

　　"不是不是，都不是。"夏木得意地甩着鼻子。

　　见卡拉塔败下阵来，嘀嘀嗒有点傲娇地撇过脑袋："肯定是剑齿虎喽！"

嗨！卡拉塔懊丧地一拍脑门，心说我怎么把这么厉害的动物给忘了呢。

　　"嗯……"夏木停下了脚步，故意拖长尾音。

　　"哈哈，这回我们答对了吧！"卡拉塔兴奋地说。

　　"当然是……，错的啦！"夏木咯咯咯地笑了起来，"你们就这点儿想象力啊。"

　　"那到底是什么呀？"卡拉塔有点儿不耐烦了。

　　"这种动物，就是……"夏木调皮地卖起了关子。

　　"就是什么？快说呀！"卡拉塔被夏木吊足了胃口。

　　"是什么？"嘀嘀嗒也有些好奇。

　　他们全神贯注的表情令夏木十分满意，他终于停下脚步，神秘地说："这种动物就是……面孔小小的臭鼬！"

　　"臭鼬？！"这个答案让卡拉塔和嘀嘀嗒大跌眼镜。

　　"臭鼬有什么可怕的呀，还脸小小的，听起来很萌的样子唉。"卡拉塔似乎有些失望。

　　"什么！你居然觉得臭鼬可爱？"夏木惊讶得眼睛都挤成三角形了。

　　嘀嘀嗒看见夏木这副样子，忍着笑说："夏木，你现在的表情可不太帅气哦。"

　　"啊？是吗？"夏木赶紧用长鼻抹抹脸，活动活动五官，"现

在呢？现在好点了吗？"

卡拉塔却不理他，只顾着说自己的："可我真觉得，臭鼬这个答案没道理啊！"

"怎么没道理，你别看他体型小，放的屁可是又臭又毒，我有个朋友被熏到过一次，当时就泪流满面，而且还好长一段时间看不清东西哩！"

"啊？不就是一个屁嘛，至于吗？"卡拉塔有些不相信。

"是威力巨大的屁哦！"夏木斩钉截铁地说，那语气仿佛亲身经历过似的。

卡拉塔半信半疑地看看夏木："我爸爸放的屁也超级臭，我闻了都想吐，但是也没夸张到可以熏倒谁啊！"

"你不信就算了，哪天要是真碰上，你就知道厉害了！"被质疑的夏木傲娇地卷起鼻子。

"夏木说的应该是短脸臭鼬。"嘀嘀嗒这回倒是认真地帮夏木解释起来，"臭鼬这种动物，的确是会在警告敌人无效时，释放出含有硫酸硫醇混合物的气体，这就是你们说的臭气。这种混合物不但会让敌人流泪不止，还会造成短暂性失明，严重的甚至会产生窒息……"

"而且臭鼬又懒又馋又霸道，仗着自己这点本事，直接钻到别人窝里，谁要是不服，上来就是臭气伺候。"夏木补充道。

"啊，这么无赖啊。"卡拉塔瞬间觉得这臭鼬好讨厌，"那我们离远点不就没事了嘛？"

"你太天真了，"嘀嘀嗒摇摇头，"臭鼬厉害就厉害在，他们在3米内可以准确地朝目标喷射，并且这种难闻的气体在800米以内都能闻到。"

卡拉塔有点难以置信："800米！我们学校最快的同学都要跑3分多钟啊！"

"对啊，可是臭鼬的味道几秒钟就可以飘过来哦。"嘀嘀嗒坏笑着说。

"噫——"卡拉塔直犯恶心。

突然，夏木用一种异样的眼神光盯着嘀嘀嗒："欸，你对臭鼬的了解挺详细嘛。"

"是啊，我们嘀嘀嗒可厉害了，他什么都知道！"卡拉塔骄傲地说。

"哦，什么都知道呀……"夏木若有所思地放慢了语速。

嘀嘀嗒赶紧打马虎："没有啦，没有啦，卡拉塔瞎说的，我就是碰巧听说过。"

"我刚刚听你说同学跑步什么的，同学是什么呀？"夏木转脸又盯住了卡拉塔。

"同学嘛，就是一起学习的伙伴啊。"卡拉塔脱口说道。

夏木邪邪地坏笑起来："你们究竟是从哪里来的呀，说的好多词都很新奇，我都听不懂呢。"

"我们，我们来自很远很远的地方。"卡拉塔结巴起来，不知该怎么说才好。

"那你们为什么要来这儿啊？"夏木却刨根问底地问个不停。

"因为，因为……"

嘀嘀嗒赶紧拦住卡拉塔，生怕他说漏了嘴："我们和你一样，也是喜欢游山玩水。"

见气氛变得有些微妙，夏木立马用爽朗的笑声化解尴尬："哈哈，那我们可真的是有缘分啊！"

"是啊是啊，"夏木的笑声很快感染了卡拉塔，他又咧开了嘴："我也觉得，咱们挺有缘的呢。"

"嘀嘀嗒，你老是回头看什么呐？"夏木见嘀嘀嗒不时回头紧张地张望，便好奇地问道。

嘀嘀嗒不安地皱着眉头："我老感觉有谁在盯着咱们。"

夏木立刻得意地甩了甩脖子上的毛发："嘿嘿，和我这个超级大师哥一起走，是这样的啦。这里到处都有我的粉丝，这种感觉你们以前没体会过吧？"

三　山林一霸

夏木的自恋让嘀嘀嗒感觉十分无语。卡拉塔赶紧岔开话题："夏木，你说的雕齿兽到底在哪里啊？我们走了这么半天，都不知道还要再走多久。"

"别急别急，雕齿兽行踪诡秘，哪是说找到就能找到的呀？"

嘀嘀嗒本来就觉得他不对劲儿，听他这么一说更是来气了："你居然耍我们！"

"嘀嘀嗒，别生气别生气。"卡拉塔做起了好人，"夏木他肯定有办法找得到的，对不对？"

"嗯，算你们中间还有清醒的。"夏木拍拍身上的尘土，"都说了我和他是老相识了，我们先顺着河流走，一会儿自然有办法找到他的。"

前面一条河流蜿蜒而过，这条小河是由山间石缝上的小泉水聚流而成的，河水格外澄澈，河底的石子泥沙清晰可见。沿河两岸满是绿油油的嫩草，偶尔还能看见一两头马鹿在河边安详地吃草。

夏木在一块形状奇特的大石头前停了下来。

"你们在这儿等我一下。"说着他就神神秘秘地绕到石头后面，捣鼓了半天，终于掏出一些颜色深绿、表皮褶皱的果实。

"牛油果！"卡拉塔一眼就认出了这种梨形的果实。

夏木惊讶地看着卡拉塔："喔，你居然知道这种果子的名字？"

"是啊，这个可好吃了，虽然没什么味道，但是口感很细腻，我和我妈妈都特别喜欢吃。"

"哇，那你们那边一定温度很高，这种果子在我们这里可不常有，弄到这点儿都要费好大的劲呢。"

"我也觉得奇怪呢，这牛油果应该长在树上才对，你怎么居然从石头后面掏出来了？你不会是偷人家的东西吧？"

"你想什么呢，风流倜傥的我，怎么会干这种龌龊事！我自然是有我的渠道啦。"夏木说着挑出一颗颜色稍浅一些的牛油果，猛地往地上一摔，然后抬脚便踩。

"哎哎，你干什么呀，这好好的牛油果，干吗这么糟蹋呀！"卡拉塔心疼极了。

夏木却没接茬，而是捡起一片大叶子，仔细地把牛油果泥包卷起来，然后一扬鼻子，嗖的一声扔进了河里。

"别浪费了！"卡拉塔下意识地舔舔嘴角，"这剩下的牛油果还是给我吧。"

"这可不行，这些牛油果是要派大用场的，你一个都不能碰。"夏木小心翼翼地捧着剩下的几颗牛油果。

"可是，可是你明明都把牛油果丢掉了……"卡拉塔还想争取一下，却被夏木打断了。

"好了好了，走了这么久，大家都累了吧，我们今晚好好地

35　　　　　　　　　　　　三　山林一霸

睡一觉，明天早上就能看见雕齿兽大师了！"夏木指指渐暗的天空。

"可是都走了一整天了，就只吃了几口草呢，我饿都饿死了。"卡拉塔盯着夏木怀里的牛油果，忍不住又吧唧了一下嘴。

"你可别打这些宝贝的主意哦！"夏木把牛油果往怀里紧了紧，"只要挨过今晚，我保证你明天有好吃的。"

"真的？"听到有好吃的，卡拉塔的幸福感顿时上升不少，"好，那今天就先听你的，放过这些牛油果啦！"

四　功夫大师雕齿兽

第二天清晨，卡拉塔就被一阵嚓嚓的咀嚼声唤醒了。他睡眼迷蒙地擦擦嘴角的口水，循着咀嚼声望去。

"你醒啦？喏，快来吃吧。"夏木指指身边点缀着各色浆果的干草堆，向卡拉塔招呼道。

"哇！"看到食物，卡拉塔立刻精神大振，一个翻身坐了起来，"这些都是你准备的？太棒啦！"

还没等夏木回答，卡拉塔就迫不及待地卷了一大把干草塞进嘴里，轻轻一咬，饱满的浆果瞬间在口中炸裂，甜美的果汁混合着干草和松针叶的清香，实在过瘾！

"嘀嘀嗒，你快来啊，这个好好吃！"如此美味的早餐，卡拉塔怎么能忘记自己的好兄弟呢。

嘀嘀嗒正在河边舒展筋骨，听到卡拉塔咋咋呼呼的叫声，慢悠悠地走了过来："你这吃货，惯会大惊小怪。"

"真的啊，好丰富的味道，不信你尝尝。"说着，卡拉塔又往嘴里塞了一大口，痛快地大嚼起来。

"是吗？"嘀嘀嗒谨慎地闻了闻干草堆，确定没有问题，这才卷起一小撮放进嘴里。

只嚼了两下，他就明白卡拉塔确实没有夸张了：新鲜的松针叶清香而又富有嚼劲，品种丰富的浆果酸甜可口，加上柔软爽口的干草，和在一起吃，真的是既美味又营养呢。

"这都是你弄的？"嘀嘀嗒惊讶地看着夏木，忍不住感叹，"味道确实不错！"

"你这是在表扬我呀，还是在怀疑我呀？"夏木故意调侃道。

嘀嘀嗒撇了撇嘴："好吧，我承认之前对你是有点过分了。"

"没事，知错就改还是好孩子嘛，哈哈哈。"夏木得意地大笑起来。

卡拉塔早已风卷残云，把自己面前的干草堆消灭得干干净净了。他望望嘀嘀嗒和夏木跟前的草堆，一副意犹未尽的样子："唉，我说你们别光顾着说呀，一会儿这浆果干了，味道就没那么好了。"

嘀嘀嗒和夏木一看卡拉塔那饥渴的眼神，赶紧停下说话，埋头大吃起来。他们知道再不抓紧时间吃完，卡拉塔就要抑制不住馋虫扑上来了。

见嘀嘀嗒和夏木专心地享用着美餐，百无聊赖的卡拉塔突然想起来："唉，夏木，那些牛油果呢？你把它们放哪去了？"

"你个小馋虫，刚填饱肚子，又惦记起我的牛油果了！"夏木又好气又好笑。

"才不是呢，就是看见你那么宝贝的东西不见了，提醒你一下嘛。"卡拉塔嘟起小嘴，尽量掩饰着自己想吃牛油果的表情。

可夏木一眼就识破了："不必你操心啦，牛油果我早藏好了，没人找得到的。"

"是吗？看来你这个臭小子，又想来吊我的胃口了。"突然一个低沉的声音从远处传来，卡拉塔回头一瞧，原来是一只椭圆形轮廓的动物，正朝他们缓缓爬来。

"哈哈，小老头儿，你终于来啦！"夏木开心地挥舞着长鼻。

那圆鼓鼓的动物越靠越近，卡拉塔终于看清了他的模样：2米左右宽、3米左右长的身体，扁扁的脑袋，圆圆的身躯，数不清的六角形骨板组成的鳞甲，还有1米多长的狼牙棒似的尾巴，这不正是嘀嘀嗒描述的雕齿兽嘛！

终于看见活的雕齿兽啦！卡拉塔既激动，又有点小害怕，他躲在夏木后面，静静地观察着这个"铁甲战士"的一举一动。

"嘿，小老头儿，你的动作真是越来越慢了呀。"夏木亲昵地和雕齿兽逗趣。

"没礼貌的臭小子，每次都用这招，真是浪费！"老态龙钟的雕齿兽板着个脸数落起夏木，"这么好的东西就被你踩成烂泥了，还怎么吃呀。还好我眼尖，不然就这样顺着河水漂走了，

四　功夫大师雕齿兽

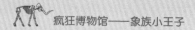

我都不知道你来了。"

"嘿嘿,那还不是因为您整日神龙见首不见尾呀,不用这个办法,怎么找得到您呢。"夏木嬉皮笑脸地从不远处的一个小土坑里刨出了剩下的牛油果,"喏,这不是还有足够孝敬您的嘛。"

雕齿兽果然很吃夏木这一套,只见他猴急地叼起一只牛油果,没咬两下就整个儿吞了下去,美滋滋地回味道:"还是你小子有办法,放眼整个山林,这么好的牛油果也就你能弄得到!"

"嘻嘻，您吃得开心，就是我的荣幸。"夏木笑嘻嘻地把大雕齿兽揽到一旁，突然严肃地问："有他的消息了吗？"

"还没有。"大雕齿兽微微一皱眉，"不过，老鸦似乎有线索，他说这两天会给我消息。"

"那就好。"夏木又恢复了嬉笑的神情，回身把卡拉塔和嘀嘀嗒推上前，"对了，这是我新认识的两个好兄弟，他们是从很远很远的地方来的。这个可爱点儿的是卡拉塔，那个看起来凶巴巴的是嘀嘀嗒。"

看举止，这只雕齿兽应该不怎么年轻了，卡拉塔和嘀嘀嗒十分恭敬地向他问好："雕齿兽爷爷好。"

"哟，可别把我叫得这么老！"大雕齿兽说话的态度，并不像个严肃古板的老爷爷，倒更像是个童心未泯的大叔，"夏木，你又换新跟班了？"

"我们才不是他的跟班呢！"嘀嘀嗒不满地嘟囔着。

"呵，脾气还真的不好，这你都能受得住？"大雕齿兽瞥瞥夏木，一副好事的样子。

夏木装作大人的样子，十分老成地叹了口气："唉，世道艰难啊，受不了也只能勉强受着了。"

"说什么呢！明明是你主动要求和我们一起的好不好。"嘀嘀嗒没好气地说。

这时，大雕齿兽听不下去了："你还真敢这么和夏木说话呀，你知不知道夏木的族群有多厉害，他是他们族里最后一个……"

还没等大雕齿兽说完，夏木就慌忙卷了一颗牛油果递到他的嘴边："好了好了，这么多好吃的还堵不上您的嘴啊。"

但已经来不及了，卡拉塔和嘀嘀嗒还是听见了大雕齿兽大师那句含含糊糊的话。"原来夏木真的是很可怜啊……"他们交换了下眼神。

"卡拉塔，你不是一直对雕齿兽很感兴趣吗？这位雕齿兽大爷可了不起了，当年独自守护这条河流，多凶猛的野兽都不是他的对手！"夏木竭力转移话题。

果然，被夏木这么一说，大雕齿兽立马滔滔不绝地回忆起了当年的英勇往事："呵呵呵，夸张了，夸张了。不过我的故事说起来，还是很有意思的……"

"是吗？那您就说说嘛。"卡拉塔乖巧地凑到大雕齿兽身旁。

"好，好，那我就说说。"小年轻对自己的老故事有兴趣，大雕齿兽当然再开心不过了，"你们知道异刃虎吗？"

"异刃虎？"只知道剑齿虎的卡拉塔疑惑地望向嘀嘀嗒。

"异刃虎是剑齿虎的一种，长得很像斑鬣狗。"嘀嘀嗒小声地说道。

"哎哟，一看你就不知道异刃虎吧，"大雕齿兽看了看卡拉塔

四 功夫大师雕齿兽

的表情，得意地说，"异刃虎啊，是一种四肢粗短，嘴上长着两颗'弯月牙'的猛兽，你别以为它腿短就没有攻击力哦，它那个牙齿啊，都长到嘴巴外面了，而且下颌又深又结实，那么厚的犀牛皮，他三两下就咬开了！"

"哇，那他攻击过您吗？"卡拉塔好奇地问。

"当然有啦！"大雕齿兽激动起来，"当年我可是意气风发，这条河上的几个兄弟都不是我的对手，喏，看到我这条'石尾'没有？"

"看见啦，一定是很厉害的武器吧！"卡拉塔崇拜地望着大雕齿兽。

"哈哈，你小子很有眼光啊！可那异刃虎就没这么懂事了。有一天，天气灰蒙蒙的，冷风嗖嗖地吹啊，小动物都躲洞里去了。我就自个儿在河边吃草休息，有几只异刃虎见我没有同伴，就躲在石头后面，一个个眼神直勾勾地朝我这儿盯。"

"啊，那您都发现了，怎么还不快点逃走啊？"卡拉塔紧张地问道。

"有什么可逃的！他们盯得我脖子根都发凉，肯定是饿得不行了。我要是随便动，反而露出破绽。他们见我没反应，果然等不及了，就越靠越近，越靠越近……"大雕齿兽一边说，一边慢慢地凑近卡拉塔，"靠得像我们现在这么近。"

"啊！"卡拉塔紧张地抓住嘀嘀嗒。

"那次围着我的，可有不少异刃虎，起码有四只！"大雕齿兽越说越带劲。

"妈呀！那么多，那不是哪个方向都逃不了啦？！"

"哎呀，你这小家伙看着挺结实的，怎么总想着逃逃逃。问题来的时候，可不是逃避就能解决的！"

"那怎么办呀？"

"怎么办？继续之前的策略，敌不动我不动呗。"大雕齿兽挥挥爪子，"后来他们扑过来张嘴咬我，却发现根本咬不动我，就想把我翻过来，咬肚子。"

"啊，这下完蛋了，您肚子上可没有盔甲。"

"怕啥！以我这个体型，他们根本就别想翻动我。那几个臭家伙还以为我睡着了呢，其实我眯着眼睛，早就把他们的位置摸透了。"大雕齿兽绘声绘色地说。

"然后呢？"连嘀嘀嗒都被他的故事吸引了。

"然后，我就啪的一声，突然来了一个'神龙摆尾'！"大雕齿兽说着，真的横扫了一下尾巴，卡拉塔身边的大石瞬间就被劈成了两半。

"哇！"卡拉塔和嘀嘀嗒张大了嘴巴，半天都合不上。

"嘿嘿嘿，当时那些异刃虎啊，和你们的反应一个样，全

四 功夫大师雕齿兽

都吓得目瞪口呆，抱着脑袋转身就跑了。"大雕齿兽得意地说，"这招就叫'敲山震虎'！"

卡拉塔顿时佩服得五体投地："您真的是太厉害了！之前夏木说要您教我们几招，我还在想，您这一身威武的铠甲哪里是我们能学的？原来还有如此的妙用啊！"

大雕齿兽最听得进夸赞："哈哈哈，学东西就要学精髓，你别看我这一身盔甲，用得不好，照样会成为别人的盘中餐，所以用脑子，才是最重要的。"

"是！您这招'敲山震虎'我记住啦，以后一定活学活用，发扬光大！"卡拉塔一本正经地说道。

"那您还有什么有趣的见闻呀？再跟我们说说呗！"嘀嘀嗒还没听过瘾，对各种动物生存智慧方面的知识，他总是乐此不疲。

"嗨，那可真的是太多了，南方的树懒、西方的麋鹿、东边的大熊猫、北边的披毛犀，三天三夜也说不完哪，你们可慢慢听好喽……"说着，大雕齿兽又滔滔不绝地讲开了。

五　奇怪的小姐姐

天色渐渐暗了下来，大雕齿兽还在孜孜不倦地讲述着他所遇到的各种奇闻逸事，以及逢凶化吉的智慧，比如声东击西啦，浑水摸鱼啦，打草惊蛇啦，树上开花啦……谁都没有注意到，雕齿兽大师口沫横飞之时，活泼的夏木却一直静静地望着天空。

"夏木，雕齿兽爷爷可真是太厉害了！"听得入迷的卡拉塔推了推身旁的夏木，感慨道，这时他才注意到夏木在发呆，"夏木，你怎么了？"

"没事儿，你们听吧，这些故事，从小到大我都听了几百回了。"夏木揉了揉眼睛。

"哇，从小你就认识雕齿兽大师了呀？你可真幸福哦！"卡拉塔十分羡慕夏木能够和这么酷的动物一起生活。

"是吗？那现在我把这份幸福分给你，你可要好好享受哦。"夏木拍拍卡拉塔。

见几个小家伙都在分神聊别的，大雕齿兽打起了哈欠："啊，我困了，今天就到这儿吧，明天我们再开始。"

"还这么早呢，又睡觉了？你们这儿的休息时间可真早啊。"

卡拉塔感到十分扫兴。

"小朋友，你们正在长身体，可不能熬夜哦，早睡早起身体才会好嘛，乖，我明天再给你讲故事啊。"说完，大雕齿兽闭上眼，眨眼间就打起了电钻一般尖厉的鼾声。

嗞——嗞——

"嗬！倒头就睡呀！"卡拉塔小心地用鼻子推了推大雕齿兽，然而这位老大爷纹丝不动，依旧发出魔性的鼾声。

"还真的是说睡就睡啊，一点也不含糊。"嘀嘀嗒也被雕齿兽"秒睡"的功力震撼到了。

"唉，没办法，故事听不成了。"卡拉塔耷拉着脑袋，有点无聊。平时这个时间点，他才刚刚放学回到家里，正是兴奋的时候呀，这会儿睡觉，哪里睡得着！

他垂头丧气地看看嘀嘀嗒，发现嘀嘀嗒也是一脸极度无奈的表情。

此时，天色已变得一片漆黑，挂在天上的点点星光，仿佛都市夜晚的万家灯火。要是在家里，肯定还会听到附近广场上大家跳舞的伴奏声、散着步的街坊邻居的聊天声、喧闹的车鸣声……，但是此刻，在这里，只有大雕齿兽魔性的鼾声。

想到这里，无聊的卡拉塔不禁有点想笑，他活动了一下身子说："反正我们也睡不着，不如再聊会儿天呗。"

"好啊，好啊。"嘀嘀嗒超级赞成。

"嗯，也行，反正天黑了，什么都看不清。"夏木低下仰了一整天的头。

"我看你好像在等什么，究竟在等什么呀？"嘀嘀嗒好奇地问夏木。

"我在等一只乌鸦。"夏木淡淡地说。

"乌鸦？我听说，乌鸦会带来厄运，你等他做什么？"卡拉塔偏着脑袋，十分不解。

嘀嘀嗒却又来纠正卡拉塔的话："你这个说得太片面啦，有些人认为乌鸦不吉利，是因为动物死去时会散发出一种特殊的气味，乌鸦喜欢吃腐肉，自然会被这种味道吸引。但其实乌鸦也吃杂粮，很多地方还认为乌鸦聚集象征五谷丰登，会带来好运的呢。"

夏木用奇怪的眼神看着他俩："什么好运厄运的？我不明白你们在说些什么。我等乌鸦，是有别的原因。"

"那是什么原因啊？说来听听呗。"卡拉塔挑挑眉头。

见夏木闭口不答，卡拉塔有些无趣，只好转移话题："唉，夏木，你的象牙上这个图形是怎么弄上去的呀？"

卡拉塔这么一说，嘀嘀嗒才注意到，夏木左边的象牙上有一个小小的刻纹，像是一道弯弯的月亮，又像是象牙本身的形状。

五　奇怪的小姐姐

"这个，"夏木凝望着远方的雪山，"是我出生的时候，爸爸给我做的印记。听说从前我们族群里，每个象宝宝都会有个和祖辈一样的记号，寓意着他们会茁壮成长。"

"哇，那是很棒的记号呢。"卡拉塔感觉到，夏木虽然嘴角挂着幸福的微笑，但笑容里似乎还有一丝苦涩和无奈。

"是啊，我也曾经这么觉得。"夏木顿了顿，"不过现在看来，这个记号也没什么用了。"

嘀嘀嗒联想到大雕齿兽之前没说完的话，猜想夏木的族群一定隐含着什么不幸，不禁开始有些同情："夏木，一切都会好起来的。"

没想到嘀嘀嗒一动情，夏木竟又恢复了之前吊儿郎当的样子："哎，你在说什么都不知道，我有这副万人迷的模样，当然一切都会很好的啊。"

哦，这个自恋狂！嘀嘀嗒深吸一口气，努力忍住没有翻白眼。但他的这副纠结样儿引得卡拉塔哈哈大笑起来："嘀嘀嗒，你，你，哈哈哈哈……"

夏木被卡拉塔的笑声感染，也忍不住笑了起来。两只小象越笑越忍不住，就像是被点了笑穴，笑得前仰后合，弄得嘀嘀嗒最后也跟着大笑起来。

"哎哟喂，我不行了，笑得肚子疼死了。"嘀嘀嗒擦擦眼角，

"眼泪都笑出来了。"

夏木也一秒变严肃："对的，我发型都搞乱了，大家屏住！不准再笑了！"

可大家越这么说，卡拉塔就越来劲儿。他继续使坏道："瞧你那一本正经的样儿，哈哈哈哈哈哈，笑死我啦！"

被卡拉塔这么一逗，刚刚绷住的夏木和嘀嘀嗒瞬间又笑作一团。笑到后来，大家也不记得到底是为什么笑了，只是觉得很开心，很快乐。就算脸笑僵了，肚子笑痛了，胸口却还是好像有一只欢乐的小兔子在蹦蹦跳跳，笑声总是不自觉就从身体里溢出来了。

就这样，他们在河边开开心心地过了两天。早上吃着鲜美无比的干草堆，然后听大雕齿兽讲他的往事；等到大雕齿兽犯困了，就和路过的动物打打招呼聊聊天，或者陪夏木一起呆呆凝望天空。

不知不觉，卡拉塔也养成了早睡早起的习惯。由于得到了充分的休息，这一天，卡拉塔甚至起得比夏木还早。

"咦，今天咋没有干草堆哩？"卡拉塔看着面前空空如也的草地，自言自语道。之前的每一天，他一睡醒，面前就会有一大堆美味的干草，"哦，原来夏木还没醒呢，可能是昨天累着了。那么，今天就由我来为大家准备食物吧！"

五　奇怪的小姐姐

充满干劲的卡拉塔一头扎进了树林里，可是他才刚走几步，就见一头圆圆的母猛犸象驮着满满的干草堆出现在了前方。这只猛犸象比夏木略大一些，浑身也披着深褐色的毛发。

咦，这个小姐姐是谁，她来这里干吗？满腹狐疑的卡拉塔赶紧躲到一棵大树背后，只露出半个脑袋远远观察着。

那头小母象走到草地上，卸下背上的干草，然后又钻进了林子。不一会儿，她又钻了出来，这次背上驮着的，正是他们平时吃的那种浆果和松针叶。只见她愉快地低吟着，用浆果和松针叶将几个干草堆一一点缀起来。

"原来这些都是你做的呀！"卡拉塔冷不丁走出来问道，吓得小母象把浆果都掉了一地。

"你别怕，你别怕，我不是坏蛋。"卡拉塔意识到自己有些冒失了，赶紧表明身份，"我叫卡拉塔，你是谁呀？"

可是小母象并没有回应他，她的眼里闪着慌张，转头就钻进了树林里。

"唉，你别跑，别跑呀！"卡拉塔紧跟着追进了林子里。可是，一眨眼的工夫，小母象就不见了踪影。

"我有这么可怕嘛。"卡拉塔嘟囔着走出树林，回到草地上。他品尝了一口干草堆。嗯，味道确实和前几天的一模一样。

"难道，这几天我们吃的食物都是她送过来的？她是谁？为什么要这么做？夏木为什么要骗我们？"无数个问题顿时充斥在卡拉塔的脑袋中，他赶紧悄悄叫醒嘀嘀嗒。

"嘀嘀嗒，你来看！"卡拉塔把嘀嘀嗒带到干草堆旁。

"哟，卡拉塔你变懂事啦！"嘀嘀嗒看到干草堆，还以为是卡拉塔准备的，毫不犹豫地吃了起来，"嗯，味道还不错哎，和夏木做的差不多，就是这个浆果和松针的比例还要好好调配一下哦！"

"哎呀，这些不是我做的！"

"啊？"嘀嘀嗒张口结舌。

卡拉塔指着林子的深处："刚才我是想帮大家弄的，可这时候突然跑出来一个小姐姐，已经把食物都准备得差不多了。"

"小姐姐？"嘀嘀嗒满脸惊愕，"你之前不是说这些都是夏木准备的？"

卡拉塔不好意思地摇摇头："我也是猜的啊，其实我也没有亲眼看夏木弄过，我那天一过来就埋头吃东西了……"

"唉，你个吃货！"

"嘿嘿，你知道的嘛，一看见好吃的，我就没有抵抗力。"卡拉塔憨憨地笑着。

"你说有个小姐姐帮我们准备了这些，那她说什么了吗？"

"什么也没说哎，她动作很快的，我刚开口问呢，她就嗖地一下跑没影了。"卡拉塔手舞足蹈地描述着，"不过她和夏木一样，都是深褐色的皮毛，而且左边的长牙上也有一个刻纹。"

"哦……"嘀嘀嗒若有所思道，"卡拉塔，你记不记得我们刚遇到夏木的时候，我总感觉背后有谁在盯着咱们？"

"你的意思是？"卡拉塔努力跟上嘀嘀嗒的思路。

"夏木肯定还有许多事情瞒着我们！"

"那是肯定的啦，他老是神神秘秘的，而且每天还在等什么口信，好像是在计划些什么事情吧？"

"看来，这个夏木不简单啊！"嘀嘀嗒意味深长地盯着干草堆。

五　奇怪的小姐姐

六 身世之谜

虽然夏木很令人怀疑，但是谁都有不能说的秘密。所以，卡拉塔和嘀嘀嗒决定先不把眼前这件事捅破，仍旧像往常一样，等到夏木和大雕齿兽醒来后，一起享用美餐。

不过，既然做戏，戏份当然就要做足了。卡拉塔先小小地试探道："嗯，今天的干草味道怎么怪怪的？"

"哎呀，有东西吃就不错了，你别这么挑剔啦。"嘀嘀嗒也配合得天衣无缝。

夏木却仿佛充耳不闻，不管他们说些什么，只是自己嚼着干草，眼巴巴地望着天空。卡拉塔和嘀嘀嗒交换了一下眼神，决定再等等。

就在这个时候，天边出现了一只慌张的乌鸦。

"是老鸦！是老鸦！"夏木激动地推搡着大雕齿兽。

大雕齿兽缓缓抬起头："不对劲啊。"

一声尖利的鹰唳划破天空，身披黑羽的乌鸦顿时吓得六神无主，他扑腾着翅膀东跌西撞，嘴里不住地喊道："大，哎！大，哎！"

乌鸦的只言片语让夏木摸不着头脑，他焦急地喊道："什么？你说什么？"

秃鹰仍旧穷追不舍，乌鸦绕进树丛，又蹿上天空，口中还不断埋怨着："不就吃你两口肉嘛，怎么还没完了！"

这个小小的黑影嗖地在树林间蹿来蹿去，身后的秃鹰就像热追踪导弹一样紧紧跟着他，乌鸦被追得没办法了，只能冲着夏木大喊一声"大——地——懒！"然后就忽然消失在了浓密的丛林中。

"大地懒，大地懒，"夏木不停地重复着，"他说的确实是大地懒吗？"

"是啊，我也听到他喊大地懒了。"卡拉塔肯定地说。

"可大地懒在遥远的南方，而且据说几十万年前就已经灭绝了。这，这让我去哪里找啊！"夏木急得团团转。

"你先冷静一下，会不会是有什么暗指？"嘀嘀嗒热心地帮忙分析起来，"大地懒，体型特别巨大，平时非常喜欢吃树叶和灌木……"

大雕齿兽毫不犹豫地打断了嘀嘀嗒："呵呵，你们年轻人的想法真多，能有什么暗指啊，这条河的下游就住着一只大地懒！"

"啊？那太好了，谢谢你，小老头儿，我得先走了！"夏木一改往常悠闲的状态，心急火燎地顺着河流向下跑去。

六　身世之谜

"这孩子的性格真是急躁啊，你们两个还愣着干吗，还不快跟上！"大雕齿兽扫了一下尾巴，卡拉塔和嘀嘀嗒如梦初醒，赶忙追了上去。

追着追着，嘀嘀嗒突然停下了脚步："不对啊，我们不是说好了要去找雪山上的原始人的吗，为什么偏偏要帮他去找大地懒啊？"

"哎呀，大家都是朋友嘛！"卡拉塔推着嘀嘀嗒继续往前跑。

"朋友？你早上还说他神神秘秘的，瞒着我们很多事情呢，现在不害怕啦？"

"嘻嘻，有神鼠你在呢，怕啥。"卡拉塔讨好道。

"明明是你是自己想去凑热闹吧。"

"好吧好吧，就是我好奇，行了吧？之前我在动物园见过树懒，动作慢慢的，可萌啦！我想看看，这史前的大地懒是不是也这样。"

"我就知道！"嘀嘀嗒表面上数落着卡拉塔，其实内里也充满了好奇，"那走吧，我们去找夏木。"

沿着河流向下走，植物变得越加茂盛，许多树木不再是尖尖窄窄的针叶，而是又宽又薄的阔叶了。

忽然，他们听到了一个熟悉的声音，嘀嘀嗒赶紧拉住卡拉塔，躲在了高高的灌木后面。

"大地懒，你可以告诉我，我的爸爸在哪里吗？"这是夏木恳切的声音。

"等…………"树木间传来一声深沉的应答。

夏木乖巧地站在树下，抬头仰视着枝头。

"原来夏木是在寻找爸爸啊，怪不得这么心急呢。"卡拉塔恍然大悟。

"可是，他们家族不是说只剩下他一个了吗？"嘀嘀嗒摸摸下巴，有些想不明白。

卡拉塔的关注点却完全不在这里，他自顾自地张望了好久，问："嘀嘀嗒，我怎么只看见夏木，另外那个声音是从哪里发出来的呀？"

嘀嘀嗒用鼻尖点了点前方那棵特别高大的树木。

"啊？是树在说话？"卡拉塔目瞪口呆地盯着前方。

"你什么脑洞，是大地懒，在那棵大树的上面。"嘀嘀嗒把卡拉塔的头挪到另一个方向。

卡拉塔这才看清，大树的半腰上有一个足有5米高的大地懒，四只巨掌上都长着镰刀一般的爪子，整个身体贴在树干上，略短的后肢环抱着大树，而较长的前肢正好能捞到枝头的树叶。

这会儿大地懒正闭着眼睛，微微半张着嘴，还在吐着那个"等——"字。而夏木则屏住呼吸，生怕听漏了什么。

六 身世之谜

好半天，大地懒终于缓缓睁开眼睛，又吐出两个字：
"会——儿——"

"哇，这个大地懒的动作比树懒还慢，等他说完一句话，都
要背过气去了！"卡拉塔感同身受地大口喘着气。

这时，嘀嘀嗒忽然注意到，在树林的另一边，有一抹深褐色
隐藏在浓密的树叶之中。

"卡拉塔，你快看，我们3点钟方向那个，是不是你早上遇到
的那个小姐姐？"

"这么专业，还3点钟方向，我看看哈。"卡拉塔仔细地望过
去，果然发现了那头小母象，"是她，是她，你看她的头发就跟
你差不多，像个小喷泉似的！"

"好好的怎么又扯上了我的发型。"嘀嘀嗒朝卡拉塔丢了一对
白眼。

"嘿嘿，因为太有标志性了嘛。"卡拉塔的眼睛弯成两道可爱
的月牙儿，"我怎么感觉，你对这个小姐姐比对夏木还有兴趣哎。"

"废话，被跟踪，你不好奇啊？"

"我看因为人家是女孩子，你才好奇的吧！"卡拉塔却偏偏
要逗嘀嘀嗒。

"你！没法跟你聊下去了，我要走了。"

"哎哎，急什么呀，夏木还没问完呢！"

"管他问完没问完，你还想跟着他瞎掺和啊？"

"不是说好了要陪他去找原始人的嘛，咱们不能言而无信，对不对？"

嘀嘀嗒犹豫了一下："那行吧，既然你都想好了，那我们就跟着去。但是说好了，一旦发现有什么不对劲儿的，你不许贪玩，我们立刻就走！"

"好，好，我的神鼠大人，听你的！"卡拉塔满眼都是真诚。

嘀嘀嗒转头继续盯着树林里的那头小母象，而卡拉塔则好奇地望着那只大地懒，只见大地懒缓缓收回手臂，把捞到手的树叶悉数塞进嘴里，细细咀嚼，咽下之后才慢慢低下头。

夏木等得心焦死了，连连问道："就是，和我有一样刻纹的猛犸象，您有见过吗？"

"波——"大地懒又开始了漫长的发音。

"波，波什么？波浪？波纹？波光？"大地懒的波字还没说完，夏木早已焦急地说了一串和波有关的词语。

大地懒摇摇头："嗯——"

"嗯？这大地懒又是摇头否定，又是说嗯答应，到底什么意思啊？"卡拉塔都忍不住替夏木着急起来了。

"波嗯——奔？奔雷谷？"

大地懒缓慢地点点头。

夏木顿时浑身抖了三抖："居然是奔雷谷！"

"洞——里——"大地懒又慢悠悠地吐出两个字。

看夏木的神情，那一定是个他既熟悉又害怕的地方。

而不远处的树丛里，那个奇怪的小姐姐也同样战栗起来，她显然也听到了大地懒费了半天劲才吐出来的那三个字。

"这头小母象和夏木之间一定有着千丝万缕的关系！走，卡拉塔，我们先静观其变。"嘀嘀嗒拉着卡拉塔，抄着近路抢先拐回到了河边的小路上，装作若无其事地等在那里。

不一会儿，夏木就黯然神伤地走了过来。

"夏木，你跑哪里去了? 害得我们在这儿等你好久。"嘀嘀嗒明知故问。

"哦，对不起，我跑得太急了。"夏木看了看卡拉塔和嘀嘀嗒，忽然来了精神，"你们太好了，有你们这两个好兄弟，我太幸福了！为了报答你们，我准备带你们去一个好地方！"

"好地方?"嘀嘀嗒微微一笑，"什么好地方？不会是奔雷谷吧！"

没想到嘀嘀嗒竟会突然道破了这个秘密，夏木和卡拉塔一时间都目瞪口呆。

"你……，你们，是怎么知道这个地方的？"夏木满脸狐疑地看了看嘀嘀嗒，又看看卡拉塔。

六 身世之谜

"我们……"卡拉塔不知该怎么回答。

"这你不用管，就说是不是吧！"嘀嘀嗒却显得一脸正义。

"是啊，就是去奔雷谷，有问题吗？"夏木似乎有点不快，"没问题的话，我们现在就出发吧！"

"干吗这么着急走呀，是不是怕我们发现什么？"嘀嘀嗒冷笑一声，突然朝夏木扑了过去。

"嘀嘀嗒，你要干什么啊？"一旁的卡拉塔被这突如其来的状况吓了一跳。

"干什么？你还看不出来吗？我要打晕这个骗子，省得他再挖空心思来算计我们！"说着，嘀嘀嗒朝夏木的脸上一鼻子甩过去。

"别乱来呀！"卡拉塔赶紧扑上去拉住嘀嘀嗒，但说时迟那时快，嘀嘀嗒的长鼻已经啪地一下打在了夏木的脸颊上。

夏木愣在那里，还没来得及还手，又被嘀嘀嗒踹了一脚。

"住手！"林间忽然传来一声炸响，一团深褐色的身影箭一般射了过来，将嘀嘀嗒狠狠撞倒在地。

七 哨子丢了

"不许你伤害他！从树丛中扑出来的那个猛犸象小姐姐大喝着，将夏木护在了身后。

"嘿嘿，终于出来了。"嘀嘀嗒竖起鼻尖指着夏木质问，"说！这到底是怎么回事？"

"我，她，没有关系啊。"夏木苦着脸，无奈地站了起来，"可不是我安排她跟着的！"

"此地无银三百两！把你指使她跟踪的事情都说出来吧！"嘀嘀嗒更加坚定了自己心中的猜测。

"嘀嘀嗒，你这也确实有些武断了，人家说不定是夏木的粉丝呢！"卡拉塔使劲地把嘀嘀嗒往后拽。

"粉丝？卡拉塔你清醒一点好不好，就他那玩世不恭的样子，真的会有粉丝？"嘀嘀嗒完全听不进卡拉塔的劝告，"就算有，那隐瞒行踪，跟踪我们，还使用暗器，这也不是什么光明磊落的好人！"

"唉，你别激动嘛。"夏木却没有生气，继续好脾气地解释道，"好好好，我承认我们有关系，她和我，按照你们的话来说，最多算同学，同学行吗？"

"我不听你的解释，你说！"嘀嘀嗒指向了小母象，"你叫什么名字？"

"同学？"猛犸象小姐姐却并未理会嘀嘀嗒的提问，而是顾自偏着脑袋，"同学是什么东西啊？"

"不要扯开话题，把你之前做的事情，都原原本本交代清楚！"嘀嘀嗒一副咄咄逼人的样子。

小姐姐听得莫名其妙，一脸无辜地说："我们做了什么事？你这么凶巴巴的干吗？"

"好，那我问你，你是不是一直在跟着我们？"

"是啊，那怎么了？"

"怎么了？你有没有拿石子砸过我？！"

"哼，当然有，因为你该砸！"小姐姐忽然来了气，"谁让你说夏木的坏话了！"

"那你有没有制作过干草堆？"

"什么？这也成罪状了？"小姐姐惊讶得张大了嘴。

"别打马虎，说！有没有？别否认哦，这我可是亲眼见过的！"嘀嘀嗒继续不依不饶。

"怎么了？你吃了还来责问我？有种你别吃啊！"小姐姐理直气壮地朝嘀嘀嗒怼了回去。

"谁知道世界上还有这么傻的人，做好事还要鬼鬼祟祟的……"嘀嘀嗒很是尴尬。

"那是我自愿的，做这点事怎么了？为了他我命都可以不要的！"小母象满脸的坚定。

"哇！"卡拉塔捂着嘴坏笑起来，"夏木，厉害哦！"

夏木被卡拉塔盯得手足无措："哎呀，你别用这种眼光看着我，我们不是那种关系啦"。

"什么关系？我又没说什么。"卡拉塔假装东张西望，眼角却瞟向了小母象，"怎么说也是你认识的小姐姐，都不向大家介绍一下吗？"

"哦哦，她叫球球。"

爱看热闹不怕事儿多的卡拉塔可不满足于这点信息："这就完啦？"

"那你还想让我说什么？"

"说说你们是怎么相识的，为什么她要一直跟着我们呗。"这回轮到卡拉塔刨根问底了。

"怎么认识的？从我有记忆开始，她就跟着我了。就这么简单。"

"喔哟，青梅竹马哦！"卡拉塔又开始起哄。

嘀嘀嗒可没卡拉塔这么八卦，他严肃地问道："那她光明正大地跟着你就好了，为什么要躲起来？"

七 哨子丢了

"这个……"夏木欲言又止。

见夏木吞吞吐吐的，嘀嘀嗒又不免警觉起来："你老老实实地说，别又想要什么花样！"

"你这家伙，还有完没完！"见嘀嘀嗒如此逼问夏木，小母象球球不乐意了，"你不是想知道为什么吗？我告诉你……"

话还没有说完，一团黑色的东西忽然倏地一下从大家的眼前快速闪过。

"救命啊！救命啊！"

黑影在林间不断乱蹿，后面还跟着凶狠的秃鹰。原来是在河边给夏木报信的乌鸦！

"救我！救我！"乌鸦扑闪着翅膀，凭着身形小巧的优势在几只猛犸象间蹿来蹿去，一会儿绕过卡拉塔的脖子，一会儿又旋进了球球的肚皮下面，搞得体型较大的秃鹰没办法，只能远远地停留在高高的树枝上，恶狠狠地俯视着惊慌失措的乌鸦。

"你们可得救我啊！夏木，为了给你挖情报，我都被这个秃子追了好半天了。"乌鸦用又尖又刺的嗓子直嚷嚷。

"啊，你就一直被这么追着啊？"卡拉塔同情地看着乌鸦。

夏木却歪着脑袋说："可秃鹰说是你贪嘴，抢了他的食物才被追的呀？"

乌鸦带着哭腔道："你睁大眼睛看看，我这么弱小，怎么抢得过他啊，还不是因为……"

话音未落，秃鹰就张开翅膀俯冲了过来："死乌鸦！看你还敢逃！"

"喂喂，我们话还没问完呢。"嘀嘀嗒见秃鹰如此凶蛮，不免有些不爽，狠狠地一鼻子甩向秃鹰。

秃鹰振翅掠起，冷哼道："呵，还帮着他，我看你也是个没脑子的！"

"我？我说什么了？"嘀嘀嗒莫名其妙地看着大家。

"别跟他费口舌，他就是个疯子！"乌鸦幸灾乐祸地从球球的肚子下探出脑袋。

"你还多嘴！还嫌被追得不够啊？"夏木一把将乌鸦的头按回了球球的肚子下。

嘀嘀嗒被乌鸦这么一挑拨，顿时蹿起了一股无名火，他用长鼻朝秃鹰一指："臭疯子，说谁没脑子！"

"什么？臭疯子？！"秃鹰阴鸷的目光突然转向了嘀嘀嗒。

"就是说你！怎么了？为了一块肉，追一只乌鸦一上午了，不是疯子是什么？"

"我是疯子？"秃鹰瞪着嘀嘀嗒冷笑起来，狰狞的笑声仿佛密匝匝的细针，倏倏倏射进猛犸象们的耳朵里。

"嘀嘀嗒，他笑得好可怕，我背后直打战唉。"卡拉塔感觉浑身不自在。

"别怕，我们一群猛犸象呢，还怕这一只鸟不成？"嘀嘀嗒也用同样凶狠的眼神回瞪着秃鹰。

秃鹰收起了笑声，朝着乌鸦的方向直直扑过来，乌鸦吓得赶紧又缩回到了球球的肚子下面，几根扇落的黑色羽毛飞了起来。

"喊，雕虫小技！"嘀嘀嗒昂着头，不屑地望着秃鹰，他知道乌鸦一旦躲进了球球的肚子下，秃鹰就根本拿他没办法了。

"啊！"突然，嘀嘀嗒感到后脖颈一阵刺痛，只见那秃鹰贴着他迅速飞过，腾上高空。

"你居然偷袭我！"嘀嘀嗒肺都快气炸了，但秃鹰早已飞得远远的。

"哼，愚蠢！"秃鹰一边在空中振翅飞翔，一边无情地嘲笑嘀嘀嗒。

一道亮光蓦地闪过大家的眼睛。"不好！嘀嘀嗒，哨子！"

卡拉塔大惊失色。

"卑鄙的秃鹰，快还我哨子！"嘀嘀嗒强忍着被撕裂皮毛的后颈传来的阵阵痛楚，大声呼叫起来。

"来呀，来拿呀，既然你这么厉害，自己上来拿呀。"秃鹰得意地留下一声长笑，向远处飞去。

"别跑！回来！"嘀嘀嗒急得跌跌撞撞地追了过去。

"乌鸦乌鸦，你快帮帮忙，待会儿秃鹰飞远了，我们就追不上了！"卡拉塔赶紧回头求助乌鸦。

"你还不快去帮忙！"夏木一鼻子把乌鸦从球球的肚子下拱了出来。

"为什么要我去？"乌鸦不满地扭过头。

"人家还不是因为帮你出头，才惹恼了秃鹰的。"

乌鸦却还是歪着个头，一副不情不愿的样子："还不是因为他自己……"

"你去不去？！"夏木给球球使了个眼色。

球球清了清喉咙："我好像知道奔雷谷附近有一伙秃鹰，特别心狠手辣，要是让他们知道，有只乌鸦仗势欺人，还偷他们兄弟的肉，你说结果会怎样？"

"唉，唉，我去我去！"乌鸦赶紧扑棱着翅膀飞了起来，"就你球球厉害，什么都知道！"

球球却仰着头，长叹了一口气："唉！我要是什么都知道，小首领就不用带着这两个'事儿精'了。"

"别磨蹭了，我们也快追过去吧！"一心惦记着嘀嘀嗒和银口哨的卡拉塔，跟在乌鸦身后拔腿就往前跑。

"嗯，我们快追上去！"夏木点点头，球球则俯身捡起了一些石子。

那秃鹰显然要作弄嘀嘀嗒，所以其实飞得并不快。他时而故意低得仿佛嘀嘀嗒抬抬鼻子就能够得着，时而又突然哗地一下飞上天空，飞出老远，弄得嘀嘀嗒像个热锅上的蚂蚁。

"你有本事下来，我们面对面较量！"嘀嘀嗒跳着脚大喊。

"哈哈，那你有本事上来啊！"秃鹰衔着哨子故意在空中盘旋，几次还佯装掉下哨子，又倏地一下俯低抢了回去。

嘀嘀嗒的那颗心哪，就这样跟着哨子一会儿高，一会儿低，而眼睛却不敢离开秃鹰，结果好几次险些被脚下的树根石头绊倒。而随后赶到的乌鸦，却躲在一旁不敢上前去帮嘀嘀嗒抢那只银口哨。

"哈哈哈哈，你看你的熊样儿，说你没脑子吧！"秃鹰洋洋得意地看着嘀嘀嗒被自己戏弄，愈发嘚瑟起来。

嘀嘀嗒恨得牙痒痒，但是却不敢发作——银哨子是多么重要的宝贝啊，没了它就回不去了。

"对，对，我没脑子，行了吧，快把哨子还我吧。"嘀嘀嗒强压着火气，低声下气道。

"什么？我没听清楚，你说大声一点儿！"

"你！"秃鹰小人得志的样子，看得嘀嘀嗒牙根痒痒，忍不住又要爆发了。

"忍住啊，忍住！"躲在一边的乌鸦小声劝说，"忍一时风平浪静。"

就在嘀嘀嗒不知道该如何是好的时候，一颗石子忽然从远处飞来，不偏不倚正打在秃鹰的脑门子上。

"哎哟，谁打我！"得意忘形的秃鹰顿时恼羞成怒。

嘀嘀嗒一回头，原来是卡拉塔、夏木和球球赶到了。看到球球勇敢地出手帮助自己，嘀嘀嗒不禁一阵感动。嘀嘀嗒马上学着球球的样子，从地上捡起一颗棱角分明的小石子，也朝秃鹰狠狠地扔了过去："快把哨子还给我，不然就把你砸下来！"

顷刻间，一片"嗖——嗖——嗖——"的声音响起，大家轮番进攻，连一旁躲着的乌鸦也加入了战斗，无数颗小石子像子弹般射向秃鹰，打得他落花流水，嗷嗷直叫。

"哎哟！哎哟！我看你们是不想要这个哨子了！"秃鹰气急败坏地威胁道。

"有本事，你就一辈子衔着这个东西啊，我看你还有什么能耐！"球球竟比嘀嘀嗒和卡拉塔还要激动，对准秃鹰的脑袋就嗖嗖嗖又发出了几枚石子。

"啪！"一个锋利的小石子重重地打在秃鹰嘴上，疼得他惨叫一声，不住地甩头，银哨子就这样被重重地甩了出去，在空中划过一道长长的弧线后，落进了密密的树林之中。

"啊！哨子！"卡拉塔什么都顾不上了，一头扎进密林深处。

"乌鸦，快去把哨子捡回来！"夏木一声令下，乌鸦立刻飞向那片掉落了银口哨的草丛。

秃鹰见局势对自己不利，趁着大家分神之际，丢盔弃甲狼狈地飞走了。

"真气人，居然让他给跑了！"回过神来的球球跺着地上的落叶，愤愤道，"都是你这个兄弟，没事瞎叫什么呀！"

"你激动个啥呀，这跟你也没多大关系。"嘀嘀嗒帮着卡拉塔说话。

"咚！"地面突然震动了一下。

乌鸦和卡拉塔神色慌张地跑了回来。

"坏了！坏了！"乌鸦捂着脑袋。

"怎么了？刚才地面好像震了一下，怎么回事？"嘀嘀嗒焦急地问，"哨子呢？"

卡拉塔哇的一声号啕大哭："哨子，哨子没啦！"

　　　　　　　　　　　七　哨子丢了

八 超级大臭弹

"什么！哨子没了？！"嘀嘀嗒吓得一屁股跌坐在地上。夏木则冷静地追问道："你好好说，怎么就没了？在哪里没的？"

"在，在山洞里……"卡拉塔的声音直打战。

"山洞？那我们进去找不就行了嘛！"夏木满不在乎道。

"没那么简单的。"球球转头安抚卡拉塔，"别怕，你慢慢说，是个什么样的洞？"

"很可怕、很可怕的洞，乌漆麻黑的，里面还有好多好多的大爪子，好吓人啊！"卡拉塔的眼神中充满了恐惧。

"乌鸦，到底是怎么回事？"夏木问那只稍微清醒点儿的小黑鸟。

乌鸦也在不住地摇着脑袋："那，那洞里，有，有熊！"

"你是说，洞熊！"球球大惊失色。

"瞧你，都吓得说反了，是熊洞！"夏木纠正道。

"你说真的？那洞里有熊？！"嘀嘀嗒也紧张起来。

卡拉塔连连点头："嗯嗯，我，我想进去找哨子。但是，一个大巴掌突然嘭的一声，就把我面前的石块拍碎了，我还看到了尖利的牙齿，闪着白光。"

"传说洞熊异常暴躁，而且领土意识特别强，一旦有谁闯入，肯定不会有好下场的。"球球认真地说道。

"我才不信呢，让本帅哥去会会这几头熊。"夏木说着，雄赳赳气昂昂地往前走去，"乌鸦，带路！"

"喂，你别冲动啊。"球球赶紧跟了过去。

嘀嘀嗒也想跟过去，但是卡拉塔却呆呆地坐在原地没有能够站起来。

"卡拉塔，你快站起来啊，没有哨子，我们就回不去啦！"嘀嘀嗒上前来拽卡拉塔，却发现他异常的沉重。

"不，不是我不想起来，是，是我的身体不听使唤……"

"真有这么可怕吗？洞熊虽然力气大，但是体重最多也就一吨左右吧，也不是最可怕的啊。"嘀嘀嗒有些疑惑。

"洞里除了好多泛着白光的牙齿和爪子，什么都看不见，实在是太可怕了！"卡拉塔颤颤巍巍地爬起来。

"好多牙齿和爪子？那是熊窝，肯定不止一只熊了。"嘀嘀嗒想了想，"有可能洞里还有熊宝宝，这时候的熊妈妈保护欲特别强烈，脾气是很火爆的。"

咚，咚，咚——

又是几声震耳欲聋的巨响过后，夏木和球球也一脸惊恐地跑

八　超级大臭弹

了回来，乌鸦狼狈地跟在他们的后面。

夏木瘫坐在地上，甚至都不顾及自己披头散发的邋遢形象了："我不行了，不行了。老天哪，刚才我都经历了什么呀！"

"我都说了不要硬闯，不要硬闯，可你们偏偏就是不听。"乌鸦拍着胸脯，庆幸自己这次很理智。

"我要是不进去，小……夏木，就太危险了。哎哟，我的肚子！"球球哭丧着脸，痛苦地捂紧了肚子。

卡拉塔感同身受地说："是不是感觉场面异常混乱，根本搞不清发生了什么？"

"是呀是呀，"夏木连忙点头，"好像有无数双爪子在拍我，挥都挥不走。"

嘀嘀嗒皱了皱眉头："这下你知道什么叫熊孩子了吧？那里面肯定有一窝小熊。"

"哇，如果真有小熊的话，这一窝至少得有十几只吧？不，应该是几十只！"回忆刚才的情景，球球还是有些惊魂未定。

"要不就算了吧，一个哨子，还不值得搭上大家的性命。"夏木慢慢缓过劲来，整理起了发型。

"那怎么行！必须得找回来的！"卡拉塔急得抓耳挠腮，直向夏木和球球点头哈腰，"夏木哥哥，球球姐姐，你们一定要帮我们这个忙啊！"

"夏木哥哥？球球姐姐？卡拉塔你叫得好肉麻哦。"嘀嘀嗒感觉浑身寒毛都竖了起来。

"去！你还想不想找回哨子了？这叫尊重！没他们帮忙，我们找得回来吗？！"卡拉塔小声地数落嘀嘀嗒。

嘀嘀嗒自觉有些理亏，就乖乖地闭上了嘴。

见卡拉塔态度还挺诚恳的，球球就一口答应了："没事，没事。不过，最好别再让我进那个洞里去了……"

"嘿嘿，不用进洞不用进洞。"卡拉塔神神秘秘地说道，"就是想请你再帮我们找点儿那种放在干草堆上的浆果，可以吗？"

嘀嘀嗒大跌眼镜："卡拉塔，你这个大吃货！都这种时候了，你怎么还想着吃！"

卡拉塔瞥了一眼嘀嘀嗒："动动脑筋好不好，我可不是拿来吃的。球球姐姐，你尽量帮我们选那些香气重、味道甜的好吗？不用太多，够铺满洞口就行。"

"哦，我明白你的意思了，没问题！"说完，球球就利索地钻进了树丛。

"原来你是想用果实的香气，把那些小熊引出来啊！卡拉塔，有想法！"嘀嘀嗒给了卡拉塔一个大大的赞。

"这种办法，谁想不出来啊！"夏木酸溜溜地说。

"我的法子才没有这么简单呢！"卡拉塔胸有成竹地说，"现

八　超级大臭弹

在，我们去找些大片点的叶子来。"

不一会儿，球球就带着许多鲜艳的浆果回来了："呐，你看看够不够，这些都是林子里最香甜的果子啦，别说小熊，就连熊妈妈都会被馋出来的！"

卡拉塔把头埋进果子堆里深吸一口气："哇，太香了，我都忍不住想吃两口，球球姐姐你真棒！"

"嘿嘿，小意思啦。"球球不好意思地耸耸肩。

"走吧，嘀嘀嗒，我们去拿回哨子。"卡拉塔卷起浆果又向密林走去。

"哎哟喂，还来一次啊，我可看不下去了，我得先走喽！"乌鸦摇摇头，顾自张开翅膀飞走了。

"胆小鬼！"夏木也卷起一大捧浆果，紧跟在卡拉塔后面，"我倒要看看，你是怎么把熊给引出来的。"

卡拉塔带着大家，不紧不慢地把浆果铺在了距离洞口七八步远的地方。

"这样会不会太远了，香味根本传不到洞里啊！"嘀嘀嗒有些担心。

"不怕，就是要这个距离。"卡拉塔说着，对着满地的浆果用力踩去，随着晶莹剔透的果汁四处飞溅，馥郁甜美的果香立刻就四散开来。

　　大家赶紧躲好。不一会儿，黑黑的洞口就探出了两个好奇的小脑袋，小鼻子一耸一耸的，口水都要淌到地上了。但还没等小熊钻出洞口，他们就被一只厚厚的大熊掌抓了回去。

　　"是不是我捡的果子不够好啊？"球球有些担心。

　　"我就说吧，几个果子，馋馋熊宝宝还可以，要搞定熊妈妈，可没那么容易！"夏木似乎有先见之明。

　　卡拉塔却依然相当自信："不，球球姐姐，你的果子非常好，现在只是前奏，高潮还没开始呢！"

　　熊宝宝虽然被拽回去了，可果香味儿引来了森林里的其他居民，许多小动物纷纷靠近，有在一角窥探的刺猬，有跃跃欲试的狍子，还有来回踱步的斑鹿……，但这些动物都来回徘徊着，不敢轻举妄动，只有一种动物大摇大摆地靠近了一地的浆果。

"是臭鼬！"夏木激动地指着洞口喊起来。

"现在，大家赶紧用叶片堵住鼻孔，上！"卡拉塔一声令下，大家立即明白了他的用意，纷纷堵好鼻孔冲向熊洞。

三只正吃得开怀的臭鼬纷纷抬起小小的脸，好奇地望着这帮不速之客，怀里还护着几颗没被踩烂的浆果哩。

"对不住啦！"卡拉塔拎起一只臭鼬就往洞里扔去。

嘀嘀嗒和夏木如法炮制，将剩下的两只臭鼬也统统一起丢了进去。

"快跑快跑！"卡拉塔擤掉鼻子里的树叶，拽着嘀嘀嗒闪进旁边的树丛。

"额啊——额啊——"洞里传来了沉闷的干号声。

"嘻嘻。"卡拉塔捂着嘴，"不好意思了，亲爱的熊妈妈和熊宝宝们！"

八 超级大臭弹

洞口钻出几只捂着鼻子的熊宝宝，还有紧蹙眉头的熊妈妈，母子几个东倒西歪，仿佛下一秒就要晕倒了。

"一,二,三,四,一共才四只熊啊！"夏木张大了嘴巴。

嘀嘀嗒伸过鼻子帮夏木合上嘴巴："咳嗯，几十只小熊哦。"

夏木有些羞赧："真没想到，三个熊宝宝和一个熊妈妈，竟会整出这么大动静！"

熊宝宝屁股一拱一拱的，可能是被臭鼬喷到眼睛了，几次撞在石头上，熊妈妈心疼地把他们揽在怀里，一边不停地舔舐着，一边仓皇而逃。

"哇，臭鼬果然名不虚传唉！"嘀嘀嗒大为感叹。

"有了他们的实力臭弹，洞熊好一会儿都不敢回来了。你想想，臭鼬的味道可以蔓延八百米呢！"卡拉塔得意地昂昂头。

三只被扔进山洞的臭鼬，仿佛只是进到洞里散了个步，若无其事地走了出来。当他们走到浆果附近的时候，突然抬头，朝着周围的树丛警觉地嗅嗅。夏木的心都快提到嗓子眼了，他默默地祈祷着，千万别朝着自己来那么一下。

臭鼬抬抬屁股，张望了几眼，又回到浆果泥堆上，痛痛快快地吃了个饱，然后便心满意足地离开了。

"好险啊！还好这几只臭鼬不记仇，要是被他们发现咱们躲在这儿，那就完蛋啦！"夏木拍拍胸口。

卡拉塔见计谋得逞，既兴奋又得意："这种时候啊，就要兵行险招，以毒攻毒，大雕齿兽教的。"

"你倒是会现学现卖，好了，我们快去找哨子吧！"嘀嘀嗒用叶子重新堵好鼻孔。

卡拉塔赶紧也全副武装起来。毕竟是自家的哨子，总不好意思再开口麻烦夏木和球球了。

可是球球却完全不介意，往鼻孔里一把塞好树叶，就随着嘀嘀嗒一起进洞了。

只有夏木在洞口犹豫起来："洞口都这么难闻了，里面该有多可怕呀。"但他又不好意思，连球球都进去了，自己这样是不是有点不够仗义？可是这难闻的味道实在是令人作呕。

"我，我替你们在洞口放风啊！"夏木大声喊道。

洞里没有回声，夏木有些着急：不会出什么事情吧？要不要进去呢？

他正纠结着，洞里传来了兴奋的喊叫："找到啦！我找到啦！"

夏木还来不及替伙伴们高兴呢，忽然就听到树丛里传来了一阵细碎的脚步声，那声音非常熟悉。

八 超级大臭弹

九　断崖下的苦斗

　　细碎的脚步声越来越密集，夏木的脑中顿时浮现起许多可怕的回忆，情急之中他贴着洞口放声大喊："你们快出来！快出来！"

　　可是洞里没有任何回答的声音。

　　"快出来啊！"夏木越发焦急了，他不停地抬起脚转圈，准备随时逃跑。

　　脚步声步步紧逼，夏木看看洞里，再看看远处，拼命地稳住自己：也许是我听错了，没准只是一些斑鹿，一些獐子，一些狐狸，或者一些……但这些动物的脚步声怎么可能这么细碎，这么密集呢？万一真的是……

　　夏木正急不可耐的时候，卡拉塔他们终于在洞口露出了头。

　　"快跑！快跑！"夏木使劲奔跑起来。他们跑出了茂密的树丛，跨越了缓缓的河流，跑过了平坦的草原，跑进了覆盖着薄薄雪层的山坡。

　　"夏木，你慢点儿，跑什么呀，银口哨已经找到啦！"嘀嘀嗒在后面紧赶慢赶。

"不能慢，不能慢，我听到脚步声了，万一是原始人就糟糕了！"夏木气喘吁吁地说。

"你……这么怕……原始人干什么？我们……不是……还要去找他们的吗？"卡拉塔上气不接下气地。

"是啊，我们还要去找原始人的……"夏木仿佛突然被惊醒，他揩了一把头上的汗，眼神中充满了迷茫和纠结。

"你这是怎么了？"卡拉塔上前拍拍夏木的背。

"没事，我很好！"夏木勉强地笑了笑，"对了，你们的东西在哪儿呢？"

"拿回来啦！"卡拉塔扬扬脖子上的小银哨，"嘀嘀嗒的脖子受伤了，戴着不方便，所以换我戴啦！"

"哦，那就好，那你们……"夏木垂下眼睑。

"你怎么回事，我们从洞里一出来，你就像换了个魂似的。"嘀嘀嗒友好地蹭蹭夏木的脑袋，"别失魂落魄的啦，我们还要陪你去奔雷谷呢！"

"真的？"刚才还满脸沮丧的夏木，顿时就像打了鸡血，"你们会陪我去？！"

"当然啦，大丈夫一言既出，驷马难追！"嘀嘀嗒眨眨眼睛。

"那我隐瞒球球的事，你们不计较了？"夏木偷偷地瞥了一眼身边的小母象。

九　断崖下的苦斗

"球球姐姐这么好，我们怎么还会计较呢。"卡拉塔乖巧地说。

"那可说定喽？"夏木高兴地扑到嘀嘀嗒身上，"说定喽！说定喽！"

"我的天哪，你的脸怎么和六月的天一样，说变就变！"嘀嘀嗒挠起了脑袋。

"我实话跟你们说啊，奔雷谷就是原始人的大本营，那里其实挺危险的，不过有你们一起陪着去，我就不担心啦！"夏木高兴得蹦蹦跳跳。

球球在一旁催促道："时候不早了，我们先回家再说吧。"

"球球姐姐，你们真的住在雪原里吗，那怎么找食物啊？"卡拉塔的好奇心又上来了。

"就是这样啊。"球球低下头，用雪白的长牙扫开地上的积雪，小草儿就露了出来。

卡拉塔凑过去一看，有些失望："这地上的都是干草、枯草，哪里及得上树林里的好吃啊。"

"雪地里也有很多美味呢。"球球眯起眼睛。

"比如说什么？"卡拉塔一听到吃的就来劲儿。

"比如说，在雪山之巅有一种雪，在坡上红红的一片，好看极了。"

"不只是看起来好看哟，这种雪的味道甜甜的，凑近了还能闻到一股清香呢！"

"哇！"卡拉塔咽了几口口水，"球球姐姐，你吃过这种雪吗？"

"没有唉，我也就是听说过。"

"那我们一定要去尝尝"

"好，等办完事情，我们一起去！"

见卡拉塔对"红雪"如此神往，嘀嘀嗒忍不住又唠叨起来，"你们说的这种红色的雪，其实是一种本身绿色的雪衣藻，要等到新降的大雪把雪衣藻覆盖住，厚"棉被"和低温让它们进入冬眠，次年的春天来临之际，在温暖的阳光照耀下，融化的雪水带着表面的"营养"向下渗入到雪衣藻冬眠的地方。受到雪水刺激后，雪衣藻醒过来，吃饱喝足后开始发育，等到小雪衣藻长出雪面，经过太阳照射，体内产生胡萝卜素后，就会变成红色了。"

"这么复杂啊。"夏木揉揉脑袋。

"那简单来说，就是现在这个季节，你们是根本找不到雪衣藻的！"嘀嘀嗒没好气地说。

"唉，那太可惜了，还是生活在森林里好，有那么多好吃的。"

"是啊，幸亏现在暖和了，听老祖宗说，这一片原来全部都是雪原，根本没有树林，所以我们祖祖辈辈才会有这么长的毛啊。"

"哦，也对，这厚厚的长毛下面，还有一层小绒毛，不拿来保暖，就太可惜了。"

"对啊，可惜，人类也是这么想的！"球球的眼神里满是复杂的情绪，"所以他们抓到我们的话，就会剥下我们猛犸象的毛皮，拿去当他们的衣服！"

"还不只是这样呢，原始人还要吃我们猛犸象的肉，甚至拿我们的骨头来搭建棚屋！"夏木咬牙切齿地说道。

　　"是真的吗？原始人这么残忍？"卡拉塔吃惊地转向嘀嘀嗒，脸上充满了疑问。

　　"他们说得没错，冰河世纪的末期，食物越来越少，原始人类为了生存下去，就只能捕杀猛犸象，以他们的肉为食，用他们的皮毛御寒……"嘀嘀嗒语气有些沉重，"要不是这样的话，原始人自己就会灭绝。"

　　卡拉塔一看气氛不对，赶紧终止了这个话题："不说这些了，我们还是快点走吧！"

　　他们越往上走，积雪就越厚，白皑皑的雪覆盖了目光所及的每一寸土地，卡拉塔的眼睛都被这白茫茫的一片晃得有些模糊。

　　"你们看，雪里好像有东西哎。"卡拉塔忽然发现远处的雪地里有一个黑色的小点，"那是什么？"他小心翼翼地走过去。

　　"别过去，有危险！"夏木想拦住卡拉塔。可是卡拉塔却已经看清楚了，那是一个蹲在雪地里的原始人。

　　"没事的，你看他就一个人，而且手里什么武器都没有。"看到原始人类，卡拉塔心中毫无惧怕，反而还感觉有些亲切，"我就稍微靠近看一小下，好吗？"

　　"卡拉塔，你小心点儿！"嘀嘀嗒知道拦不住卡拉塔，但是又不放心，只好跟了过去。

　　"你好啊！"卡拉塔走到原始人跟前，眨眨可爱的圆眼睛，

九　断崖下的苦斗

友好地打着招呼。

雪地里的原始人戴着黑色兽皮做的帽子，不住地挥舞双臂，仿佛也在向卡拉塔问好。

卡拉塔开心地甩甩鼻子："嘿嘿，你们看，什么事儿都没有嘛。"

夏木尴尬地笑笑，这友善的举动和他记忆中的原始人相差太大。但他还是没有靠过去，而是谨慎地观察起雪地里的情况。

忽然，戴黑帽子的原始人转身跑了起来。

"哎，你别走啊！"卡拉塔追了上去。

戴黑帽子的原始人跑啊跑啊，然后在一片布满了灰点点的雪地上停了下来。

"你别怕。"卡拉塔伸出软软的鼻子，想去摸摸戴黑帽子的原始人，他完全没有注意到，雪地里那一个个灰点正在缓慢地移动。

卡拉塔向左歪歪脑袋，原始人就朝左边大步跳过去；卡拉塔又朝右晃晃尾巴，原始人就小跑两步站到右边。

"卡拉塔，快回来！有陷阱！"夏木已经发现了情况不妙，一边后退一边大喊。

"嘻嘻，没事儿，你看他还和我玩游戏呢。"卡拉塔开心地笑着。

突然，地上的灰点点倏倏倏地从雪中腾起，原来是一群乔装打扮的原始人！只见他们一个个身披兽皮，面目狰狞地将手中的长矛指向了卡拉塔。

"哎呀，糟糕！"惊慌失措的卡拉塔连连后退，却已经来不及了，那些手拿武器的原始人越逼越近，他们手中的长矛上，绑着被打磨得十分尖利的石片和石锥，在雪光的照映下反射出可怕的寒光。

卡拉塔慌不择路地乱跑起来。

"卡拉塔！回头跑！"夏木大喊道。

可是卡拉塔已经完全失去了方向感，他被原始人驱赶着，根本没想过掉头反击，更没想过这其实是原始人的陷阱。

"哟哟哟！"原始人高声呼喊着，穷追不舍地在后面追赶。

卡拉塔最终被逼到了一个断壁的下面，已经退无可退了。他惊恐地转过身，却发现原始人正在慢慢地往后退去。

难道原始人终于发现了，我不是一般的猛犸象，而是一个人类？卡拉塔的脑子里瞬间冒出了这个荒唐的想法。

咕噜——咕噜——头顶忽然传来奇怪的声音，卡拉塔循声抬头，不禁大吃一惊：两块大石正从天而降！

他左躲右闪，险些没被砸中。但更多的石块源源不断地从断崖上滚落下来，原始人又举起长矛将他重重包围起来，以防止他突围逃跑。

原来这些原始人的真正目的，是要把他引诱到崖壁下面，然后用石块砸死呀！

"救命啊！救命啊！"卡拉塔绝望地大喊起来。

"卡拉塔，别怕！我们来救你！"万分危急之际，嘀嘀嗒踩着重重的象蹄，风风火火地冲了上来。

球球也紧跟在嘀嘀嗒身边，奋不顾身地冲了过来。

一个原始人举着长矛，瞅准空档朝卡拉塔狠狠刺来。球球见状，大喝一声"小心"！便扑过去挡在了卡拉塔的面前，长矛上尖锐的石锥噗的一声扎进了球球的大腿，鲜血顿时顺着长矛滴洒在雪地上，绽放出一朵朵血红的桃色。

"快走，你们快走！"球球强忍着疼痛说道。

"不！我们不能丢下你不管！"卡拉塔用后背顶住快要倒下的球球，眼泪哗哗地迸了出来，"我们还要一起去看"红雪"，你答应过的！"

"卡拉塔，不要哭！"球球一个趔趄倒在了地上，声音渐渐微弱下去，"你看这地上的粉红色，像不像"红雪"……"

"不像，不像，一点都不像，我们要去看真正的"红雪"！"

原始人将包围圈越缩越小，嘀嘀嗒急得不住地跳脚："这个夏木，怎么还不来！关键时刻跑哪去了！"

十 猛犸军团

　　面对咄咄逼人的原始人，嘀嘀嗒知道这回肯定是在劫难逃了，他咬了咬牙，仿佛下了很大的决心。

　　"卡拉塔，快把哨子丢给我！"嘀嘀嗒回头对满面泪痕地扶着球球的卡拉塔喊道。

　　卡拉塔立即明白了嘀嘀嗒的用意，只要他吹响银哨子，他俩便能及时脱身。但是，身边的球球呢？肯定就在劫难逃了。

　　"不！"卡拉塔狠狠地踢开又一个冲上来的原始人，声嘶力竭地喊道，"我们不能丢下球球，绝对不行！"

　　"卡拉塔，再不走就来不及了！"见卡拉塔如此固执，嘀嘀嗒心急如焚。

　　咕噜噜——咕噜噜——又有几块大石从顶上落下，刮下了崖壁边缘的大片积雪，纷纷扬扬飘落下来的雪花使周围的能见度顿时差了许多。

　　"卡拉塔，快把口哨给我！"嘀嘀嗒真后悔把银口哨交给卡拉塔保管，早知道这样，就算伤口磨烂也不该让卡拉塔拿着哨子。

　　"冷静，这时候一定要冷静！"卡拉塔却完全不理会嘀嘀嗒，而是自顾自念叨道，"这么大规模的有计划的狩猎，一定是有组织的，一定有领头的人！"

嘀嘀嗒马上明白了卡拉塔的意思："对，咱们找找，原始人的头领哪里？想办法抓住他！"他知道，这时候卡拉塔是一定不会丢下球球的，看来绝招没法使用，只能靠智慧来突围了。

这时，又有几个不怕死的原始人冲了上来，嘀嘀嗒也不硬拼，而是学着大雕齿兽教的办法，先静候着不反击，等到原始人靠得很近了，他才瞄准一个原始人手中的长矛，卷起长鼻唰地一下夺过来，然后举着这根长矛奋力朝着其他原始人扫去。几个大圈转下来，嘀嘀嗒周围的原始人倒的倒、逃的逃，已经所剩无几了。

"嘀嘀嗒你看，那边有个原始人长得跟别人都不一样！"卡拉塔发现了一个貌似头领的原始人，赶紧通知嘀嘀嗒。

嘀嘀嗒抬眼一看，发现在原始人群的外围，果然有一个手持白杖、身披剑齿虎皮的男人，正仰头凝视着整个崖壁，他手中的白杖上还镶嵌着形状各异的黑曜石，正散发着幽幽的光芒。

十 猛犸军团

"就是他！"嘀嘀嗒举起长矛上下挥舞着，直奔那男人而去。原始人根本没想到这头猛犸象竟如此有勇有谋，等他们反应过来的时候，嘀嘀嗒已经冲到那首领跟前，用长长的鼻子一把卷起这个男人，将他高高地举到了半空中。

刹那间，所有原始人都停止了手中的动作，一切就像被按了暂停键似的，连崖壁上的大石块也不滚下来了。

"果然，你就是头领！"嘀嘀嗒故意摇晃着这个男人，不住地威胁其他原始人。

原始人头领怎么也没想到，一只猛犸象竟会抓了自己来要挟族人。他气急败坏地挥舞着手中的权杖，努力敲打嘀嘀嗒的鼻子，但根本无济于事。

就在双方僵持不下的时候，阵阵滚雷般的巨响忽然从天边传来，这声音越来越响，越来越响。随之而来的，是一片黑压压的身影，越逼越近，越逼越近。

"是夏木！"卡拉塔抬头眺望，不禁惊喜万分，"他终于带着援兵赶来了！"

茫茫的雪原上，只见夏木带着一大群猛犸象，浩浩荡荡地从远处赶来。黑压压的象蹄踩着被积雪覆盖的大地，发出了震耳欲聋的轰隆声。

十 猛犸军团

嘀嘀嗒见援军赶到，便一鼻子将那个头领远远地甩进了原始人最密集的地方，原始人赶紧拥上去接住他们的头领。

原始人头领见大事不妙，"嘘啦——"一声长啸，立刻带着手下撤退得无影无踪。

"嘿，你可总算来了！"卡拉塔忍着伤痛，激动地迎上去，伸出长鼻想拥抱夏木。谁知还没碰到夏木呢，就被后面的一头猛犸象给打开了："喂喂，你的鼻子往哪儿放呢？究竟懂不懂规矩了！"

"我，我……"卡拉塔捂着伤口，奇怪地看看夏木，又看看他身后的猛犸象，"就是碰一下而已，怎么啦？"

"把他们两个带回去吧。"夏木一声令下，几头健硕的母象就从队伍里走出来，抬走了受伤的卡拉塔和球球。

"哎，等等我，等等我！"嘀嘀嗒想追上去，却被一群好奇的母象团团围住，她们一个个瞪大了眼睛，像看怪物一样看着嘀嘀嗒。

"呃，这个夏木，在你们这儿是干吗的呀？好像说话很管用的样子。"嘀嘀嗒小心翼翼地向大家打听道。

"夏木你都不知道啊？"一只可爱的小猛犸象钻了进来。

"小妹妹，他是谁啊？你告诉我呗。"

"他呀，是我们首领的儿子，是整个部落最帅气、最珍贵的猛犸象！"小可爱说这话的时候，满脸都是崇拜和羡慕。

"噗——，珍贵！哈哈哈哈……"嘀嘀嗒忍不住大笑起来，"怪不得他一天到晚夸自己，原来都是你们给惯的。"

"哼，有什么可笑的呀！瞧你一副傻乎乎的样子，肯定没谁会愿意嫁给你这样的怂象！"小可爱一扭头，气鼓鼓地钻回了象群。

"啊？什么乱七八糟的！"嘀嘀嗒一头雾水。

"好啦好啦，先回营地再说吧！"夏木一声令下，整个象群便开动脚步，踏上了归途。

象群在雪山之间缓缓行进着，夏木的身边乌央乌央地簇拥着一堆小母象；而嘀嘀嗒呢，无论他怎么扒拉，都挤不出母象堆。

终于，在一个半圆形的山坳里，象群停在了一个山洞跟前。

"你回来啦，快过来，让我好好瞧瞧。"迎面而来的是一头大猛犸象，起码有3米多高，浑身闪闪发亮的棕色毛发和夏木的一模一样。

"这就是你们的首领吧？"嘀嘀嗒悄声地询问身边的猛犸象。

"不得无礼，快低头！"

嘀嘀嗒连忙低下头，嘴里却小声嘟囔着："喊，女人翻脸真是比翻书还快，我好歹也是你们小首领的朋友，哪有这样的待客之道。"

十 猛犸军团

"母亲，我这次又游历了好多地方，还带回来两个好朋友。"夏木上前行礼。

"是吗？"猛犸象首领伸出鼻子慈祥地抚摸着夏木。

"嗯，一个叫卡拉塔，和球球一起受了伤，姨母已经带去医治了；还有一个，叫嘀嘀嗒。咦，嘀嘀嗒呢？"夏木回头在象群里寻找起来。

"嘻嘻，看到了吧，我可是你们小首领的贵客呢！"嘀嘀嗒得意地朝身边的猛犸象做了个鬼脸，"夏木，我在这儿呢！"

夏木把嘀嘀嗒拉到身边："母亲，这就是嘀嘀嗒，他可聪明了，知道的比球球还多，面对原始人都能毫发无伤全身而退！"

猛犸象首领一听"原始人"三个字，当即变了脸色："别让客人在外面待久了，进去说话吧！"

嘀嘀嗒跟着大首领和夏木进了山洞。

"你是不是又去找他了？"大首领忽然转过身来，满脸愠怒地质问夏木。

"是的，母亲，我得到情报，父亲他，就在奔雷谷！"夏木说得一字一顿。

"又是情报，又是情报，我说了多少次，不许你再去找那个叛徒！"

"父亲不是叛徒！这次我一定能把他带回来，让他跟您解释清楚！”

“不管你说什么，我都不会再给你派任何帮手了，而且你也不准再去！”

“我不需要您的帮助，我有自己的战队！”

“什么？”大首领显得很惊讶。

“我有我的两个好兄弟，他们一个通晓万物，一个足智多谋，每个都能以一敌百！”

“哼，以一敌百？要不是我们的援军及时赶到，你的两个兄弟，甚至连带着球球，都要没命了！”

嘀嘀嗒见夏木和大首领争得不可开交，赶紧申请回避：“大首领、夏木，我想去看看我的朋友，不知道能不能先退下？”

大首领长鼻一挥，嘀嘀嗒立马逃出洞外。

“此地不宜久留，得赶紧找到卡拉塔！”嘀嘀嗒嘟囔着。

“嘿，傻乎乎，你在这儿自言自语什么呢！”一个脆脆的声音响起，嘀嘀嗒回头一看，原来是刚才挤进来的那只俏皮可爱的小猛犸象。

“你这个小不点！你知道我的朋友在哪里吗？”

小可爱却斜着眼睛摆起了谱：“你求人就这个态度啊？”

“哦哦哦，那请你帮我这个忙，好不好？”嘀嘀嗒很有点不耐烦。

十 猛犸军团

"不行，一点都不诚恳！"

"那你想怎么样？"嘀嘀嗒无奈地垂下鼻子。

"我看，你和小首领关系挺好的，下次有什么活动，带上我呗？"小可爱眨巴着眼睛。

嘀嘀嗒一听竟是这么简单的要求，当即满口答应："好，没问题！"

"哇，答应得这么爽快。"小可爱有些怀疑地侧过脑袋，"你说话算话哦！"

"算话，当然算话！你快说，我的朋友在哪儿？"

"喏，就在那块大石后面的雪松下。"小可爱指了指远处的嶙峋怪石。

"谢谢啦！"嘀嘀嗒说着，头也不回地朝着雪松跑去。

此时天色已有些昏暗，但是漫山遍野的大雪似乎将天地间最后的一丝光都发挥到了极致。嘀嘀嗒跑到雪松下面，看到了正静静躺在那儿的球球和卡拉塔。

"卡拉塔！卡拉塔！"嘀嘀嗒轻轻地呼唤着。

"嘀嘀嗒，你来啦？"卡拉塔睁开眼，"我刚才还在想，你到哪里去了呢。"

"我跟着夏木去见他妈妈了，你知道吗？原来夏木的妈妈是这个部落的首领呢，怪不得能搬来这么庞大的救兵！"

"我也猜到了……"

"嘿，就你聪明！球球的伤怎么样了？"嘀嘀嗒看了看斜躺在石头旁的球球。

"她还好，幸亏你拼命挡住了原始人的进攻，长矛插得不算太深，刚刚他们给她处理了伤口，现在睡着了。"

"那正好，我跟你商量个事儿。"说着，嘀嘀嗒凑了过去。

"什么事啊？神秘兮兮的。"

嘀嘀嗒又不放心地看了一眼球球，见她双目紧闭，四肢完全放松，这才低声说道："卡拉塔，这个地方我们不能多待，你快把哨子给我，我们现在就走！"

"啊？为什么？"

"为什么！雕齿兽你看过了，大地懒你也看过了，甚至连原始人你也亲密接触过了，够了吧？该回去了啊！"

"可是，我们答应了夏木，要陪他去奔雷谷的啊。你自己说的，男子汉大丈夫，一言既出，驷马难追的！"

"你知道夏木为什么要去奔雷谷，对吧？"嘀嘀嗒皱着眉头。

"对啊，夏木要去找他的爸爸嘛！"

"可事情远没你想的这么简单！你知道吗，大首领说夏木的爸爸是叛徒，即便出了事，她也不会给夏木派任何帮手的！"

"那他也是夏木的爸爸啊，大首领怎么能让自己的儿子去冒

十 猛犸军团

险，也不派帮手呢？这太狠心了吧！"

"可是原始人的厉害你也领教过了。现在，我们要面对的不只是那些猎手，还要跑到原始人的大本营去，而且还没有别的帮手！"嘀嘀嗒越说越害怕，"所以啊，既然这是别人的家事，我们还是不要管了！"

十一　原始人大本营

"这……"卡拉塔盯着嘀嘀嗒。

"你别看我啊，这么危险的事情，我是不会让你去做的！"嘀嘀嗒被看得浑身不自在。

"嘀嘀嗒，咱们说话要算数，对不对？"

"是！可是我们……"嘀嘀嗒一抬头，又撞上了卡拉塔的小眼神，只好又别过头去，"可是我们能帮到什么程度呢，到时候万一真的打起来怎么办？难道你要帮着夏木杀人吗？"

"哎呀，不会的，夏木是猛犸象，又不是剑齿虎，他不会杀人的！"

"他不杀人，可原始人要来杀他呀，这不是进退两难了吗？"

"也是哦，要不我们先去问问夏木，看看他有什么计划，别到时候叔叔没救出来，大家反而搞得两败俱伤了。"

"说来说去，这个事情，你还是要掺和喽？"

卡拉塔抿着嘴点点头："嗯，我们不可以丢下朋友不管的！嘿嘿，我知道有你在，就不会有事哒！"

"唉，你这个麻烦精！真拿你没办法。"嘀嘀嗒长叹一口气。

"嘿！你们在说啥呢！"夏木的声音突然在背后响起，嘀嘀嗒不禁打了个寒战："夏，夏木，你什么时候来的呀？"

"就刚刚啊。"

"那，我们说的话你都听到啦？"

"嗯，就听到了那么一点点。"夏木调皮地眨着眼睛，"不过嘀嘀嗒，我觉得你的想法正合我意哎！"

"什么？"嘀嘀嗒没明白夏木的意思。

"这群原始人多次伤害我们的家族，是该跟他们好好清算清算了！嘀嘀嗒，你足智多谋，有没有什么好办法能够将他们一举拿下？"

"我……"嘀嘀嗒一时间哑口无言。他不知道夏木是否在装傻。

"我本来想直接冲进他们的营地，把他们全都踩死！但是这样我们人手又不够，如果用滚石头的办法，漏掉的人又太多，不够解恨！"

卡拉塔听得毛骨悚然，说话也结巴起来了："夏，夏木，你这样，会不会太残忍啊？其实吧，原始人过得也挺不容易的，他们也是为了生存下去，没办法才来猎杀猛犸象的……"

"你怎么尽帮原始人说话呢？"夏木白了卡拉塔一眼，语气有些缓和，"跟你开玩笑的啦，我其实也没想对原始人怎么样，你只管想想怎么救我父亲就好。"

"噢噢，那就好。"卡拉塔长舒了一口气。

嘀嘀嗒看这样子，知道已经无法脱身了，只好建议道："我知道你救父心切，但是我们不能打没有准备的仗啊。这样吧，我们先去打探一下情况再做计划，怎么样？"

"好，我们今晚去侦查，明天就动手！"

"这么快？！"嘀嘀嗒没想到夏木竟如此雷厉风行。

"事不宜迟嘛！"夏木一边起身往回走，一边嘱咐嘀嘀嗒，"你再休息会儿，等天黑了，我和你去奔雷谷。"

"让我带你去吧！"夏木前脚刚走，球球突然坐了起来。

"妈呀，你要吓死我啊！"嘀嘀嗒捂着胸口，着实被吓了一跳。

"刚才你们说的话，我全都听到了。"球球一脸严肃。

"球球姐姐，原来你刚才是在装睡啊？"卡拉塔也大感意外，"那刚才夏木在的时候，你为啥还要装睡啊？"

"现在奔雷谷的情况到底怎样，有哪些危险都还不知道，不能再让夏木贸然行动了，我们先去侦察清楚，再回来报告给他。"球球挣扎着撑起后腿，想站起来。

"得了吧，你给我躺下！"嘀嘀嗒把球球按回地上，"你为了卡拉塔都伤成这样了，哪还好意思劳烦你啊。待会儿我先悄悄去，不会让夏木知道的，行了吧？"

"可你也不知道奔雷谷在哪儿啊……"球球还是一脸的担忧。

"放心吧，我有向导的。"嘀嘀嗒十分笃定地说道。

十一 原始人大本营

"但是……"球球还想起身，却被卡拉塔拉住了："球球姐姐，嘀嘀嗒有办法的，你别担心了。"

"好了，我们还是想想怎么帮夏木把叔叔救出来吧。"嘀嘀嗒说。

"我就不明白了，既然夏木的爸爸是你们家族的叛徒，为什么他还非要去找啊！"

"小首领的爸爸根本就不是叛徒！"球球提高了嗓音。

"那大首领为什么口口声声说他是叛徒呢？"嘀嘀嗒也满脸的不解。

"这个事情，说来话长啊。"球球沉浸在了回忆之中，"听大人们说，小首领刚出世的时候，我们的族群遭到了原始人的大肆捕杀，导致雄性猛犸象数量骤减，整个家族的性别因此严重失衡……"

"性别严重失衡？那怎么办呢？"卡拉塔知道，这对一个象群来说，是非常致命的威胁。

"为了拯救家族，听说大首领下了一道命令，结果小首领的爸爸一气之下，就带着手下的护卫队员离开了象群……"

"原来是夏木的妈妈逼走了他爸爸呢。"卡拉塔追问道，"那究竟是一道什么命令呀，惹得夏木的爸爸要离开家族？"

"就听他们大人说下了一道命令，具体是什么我也说不上来。"球球突然变得有点局促。

"无所谓啦，反正不管是什么原因，我们都得想办法救老猛犸象出来不是？"嘀嘀嗒看看天色渐晚，站了起来，"你们再好好休养，我先去探探情况。”

“那你小心点哦。”球球和卡拉塔异口同声地叮嘱道。

嘀嘀嗒走出大雪松覆盖的浓荫，刚转过大岩石，小可爱就不知从哪里钻了出来：“喂，傻乎乎，走吧，我带你去奔雷谷！”

“哇，怎么哪里都有你啊！”嘀嘀嗒被吓了一跳，“不对哎，你怎么知道我要去奔雷谷？”

“呵呵，刚才还吹牛说有向导呢！你在这里除了认识我，就只和几个大妈说过话，不是我带你，还有谁会带你去啊？”

“你跟踪我！”嘀嘀嗒佯装生气，“那刚才我们说的话，你也都听到了？”

“你答应得那么爽快，我怎么知道你有没有骗我？当然要跟踪你啦！哈哈，我可真是个小机灵鬼！”小可爱得意地炫耀着。

嘀嘀嗒差点晕翻过去，原来自恋不是夏木一头象的毛病，而是整个族群的问题！

好在小可爱办事还是很靠谱的。她带着嘀嘀嗒走过雪原，翻过两座山包，来到了一处地势十分险峻的峡谷边缘。

“喏，这下面就是奔雷谷啦！”小可爱用鼻子指着峡谷深处的一片丛林说道。

“哇，这么一大片全是啊！”嘀嘀嗒望着被篝火映得通红的峡谷惊叹，“这里果然就是原始人的大本营！”

十一　原始人大本营

"是啊，其实大首领早就猜到大将军被原始人抓到奔雷谷来了。"小可爱忽然变得十分老成地长叹一声，"只有夏木一个还被蒙在鼓里……"

"大将军，谁是大将军？"嘀嘀嗒一脸迷茫。

"我说你脑袋瓜不好使吧？这还不明白啊，大将军就是夏木的爸爸呗！"小可爱撇撇嘴。

"哦哦，那为什么不早点去救呢？还要瞒着夏木，害他满世界地到处去找。"嘀嘀嗒有些不平，"夏木真是可怜！"

"因为大首领认定大将军背叛了族群啊，她说既然大将军抛下族群离开了，那就再也不许回来，而且她也不让夏木去找他父亲。"

"大首领到底下了一道什么奇怪的命令，才会气走大将军的？你知道吗？"嘀嘀嗒好奇地问。

"这个我也不太清楚。"小可爱忽然有些慌乱地岔开话题，"怎么样，你看够了没有？看够了我们就快走吧，别被原始人发现了！"

侦查完原始人营地的嘀嘀嗒，跟着小可爱熟门熟路地回到了象群的驻地。和小可爱挥手道别后，嘀嘀嗒快步来到了大雪松下。

"卡拉塔，我回来了。"嘀嘀嗒紧挨着卡拉塔一屁股坐下，"累死我了！"

"怎么样，原始人的布防严密吗？"卡拉塔忙问。

"我看根本就没什么布防，原始人都待在棚屋里，外面除了几个木头刺和一些陷阱，就只有一堆堆熊熊燃烧的篝火了。"

"那红彤彤的火最可怕了，又烫又刺眼，弄得不好还会被活活烧死！"球球的眼中露出了惊恐的神色。

卡拉塔与嘀嘀嗒对望一眼，安慰球球道："别怕，我们只要跟火保持一定的距离，它就伤不到我们的。相反地，我们还可以利用这篝火，打乱原始人的阵脚！"

"真的吗？你们能利用篝火？"球球将信将疑地望着卡拉塔。

"是的，你放心吧！"卡拉塔转脸问嘀嘀嗒，"那你有没有看到原始人堆柴火的地方？"

"有啊，就在营地的两边。"嘀嘀嗒点点头。

卡拉塔高兴地跺了跺脚："那就好，那就好，我有主意了！"

"卡拉塔，还有一件事，我现在终于想明白了。"嘀嘀嗒望了球球一眼，继续说道，"为什么大家会把夏木宝贝成那样；为什么我们一来，大家都会用那种眼神看着我们。"

"为什么呢？"卡拉塔问。

"因为当年他们族群里的雄象就已经严重缺失了，后来夏木的爸爸又带走了最后的那些雄象，使得这个家族几乎成了一个女儿国。我说得对吗，球球？"嘀嘀嗒说着，又望向了球球。

球球沉默着点了点头。

"啊，怪不得大雕齿兽说，夏木是他们族群的最后一只，原来他指的是最后一只雄象啊！"

十二　新首领驾到

第二天，直到黄昏时分，夏木才和卡拉塔、嘀嘀嗒一行潜入奔雷谷。

临行前，夏木关照球球："你的伤还没有好，这次就别去了，有他俩做帮手，我没问题的。"

球球眼睛红红的，什么话也没说。

夜幕快要降临的时候，三只年轻的猛犸象已经埋伏在了峡谷边缘的雪堆中，只等着天色彻底变黑就开始行动。

"卡拉塔，你说的那个方案真的可行吗？"夏木似乎还有点不太放心。

"放心，不会有问题的！"卡拉塔信心十足地说，"等他们的篝火升起，原始人全都躲进棚屋里休息时，我们再悄悄爬过去，把两边的柴火堆都点燃，不要几分钟，整个大本营的原始人都会跑出来救火，我们就可以趁他们不注意，溜进山洞去救叔叔啦！"

"好！非常好！"夏木的眼中闪过一丝迫不及待，"那就按这个方案行动！"

夜空终于彻底陷入一片漆黑之中，红色的火焰仿佛一个个热情的舞者，在柴火堆上雀跃跳动起来。

"我和夏木一组，负责点燃左边的柴火堆。嘀嘀嗒，你负责人较少的右边。把柴火堆点燃后，我们就在山洞那边会合！"卡拉塔话音刚落，三只猛犸象就在夜幕的掩护下，迅速向目标靠近。

卡拉塔熟门熟路地摸到篝火堆旁，灼热的火舌不断地挥舞着，夏木见状，下意识地退了几步。

"夏木别怕，看我的！"卡拉塔说着，冲上去用鼻子卷起一根正在燃烧的木棒，嗖地一下甩到了不远处的干柴堆上。借着风势，巨大的火焰顿时在干柴堆上熊熊燃起，发出了可怕的砰砰声。

"着火啦——！柴火堆着火啦——！快来救火呀！"人们纷纷从草棚里跑出来扑火，现场顿时乱成了一锅粥。

"快走！"卡拉塔见柴火堆已成功点燃，便和夏木一起快速跑向山洞的方向，准备与嘀嘀嗒会合，前去营救夏木的父亲。

还没跑到山洞跟前，忽见前方蹬蹬蹬地迎面跑来一群猛犸象。为首的除了嘀嘀嗒，还有一头可爱的小母象。

"诶？你是谁？你怎么也来啦？"卡拉塔颇为意外。

"嘿嘿，我是小可爱！一直跟着你们的！"小母象得意地说，"刚才你们跑去点火的时候，我已经趁乱钻进山洞，把牢门打开了，你看，被关押的哥哥们都救出来啦！"

"哥哥们？"夏木一个箭步冲上前，急切地问道，"我爸呢？其他叔叔呢？他们在哪里？"

"他们……"嘀嘀嗒难过地侧过身，低下了头。

"大将军，还有他手下的叔叔们，在被抓来后的第二天，就被原始人杀了。"一头年轻的小雄象指着不远处的一个棚屋，悲戚地说道，"他们还把大将军的牙齿插在了那儿。"

只见那棚屋的顶上，一支雪白的象牙在火光的映照下正散发着幽幽的白光。

"爸爸！"夏木大叫一声，眼泪顿时像洪水般决堤而出。他恶狠狠地咬着牙齿，整张脸瞬间变得异常狰狞恐怖，"该死的原始人，我要让你们都粉身碎骨！"

说着，他就像疯了似的冲向那间棚屋，然后纵身一跃，重重地撞向棚屋的梁架。

随着一声轰隆巨响，棚屋哗啦啦地倾倒下来，留在里面的

十二　新首领驾到

妇女和孩子们被这突如其来的横祸吓得惊慌失措，尖叫声、呼喊声和受伤后的呻吟声顿时响成一片。可是被愤怒冲昏了头脑的夏木并未罢休，他异常敏捷地扑向最近的一堆篝火，似乎完全不再害怕火的灼热。他用长鼻卷起一支火棍，甩向那间倒塌了的棚屋，无情的火苗瞬间在棚屋上蹿了起来。

"夏木，你快住手！"嘀嘀嗒大喝一声，冲过去死命拽住夏木。

"猛犸象来啦！猛犸象来啦！别让他们跑啦！"正在救火的原始人群中忽然传来一片闹哄哄的呼喊，顿时，所有的原始人都围了过来，不少人手中还擎着火把。

"哇——哇——哇——"一个浑身光溜溜的婴儿坐在倒塌的棚屋中，熊熊的大火已将他包围在中间，尖厉的哭声划破了夜空。

"孩子！我的孩子！"一个披头散发的原始女人几次想冲进火场，都被边上的人给拉住了，这个绝望的母亲瘫坐在一边呼天抢地，声嘶力竭。

看到这一幕，夏木震惊了。他呆呆地望着那个悲痛欲绝的母亲，又转头望向正在大火中啼哭的婴儿，泪水止不住地哗哗淌了下来。

　　只见夏木纵身跃起，奋不顾身地冲进火场，一鼻子卷起那个啼哭的婴儿，然后冲出火场，将婴儿轻轻放在了那个哭得都快要晕过去的母亲面前。

　　哄乱的现场刹那间变得异常安静，夏木这个出人意料的举动，一时间让所有人都愣住了。

就在大家僵持在那里，都不知道接下去该怎么办的时候，一个身披虎皮、手持权杖的原始人忽然从人群中走了出来。卡拉塔定睛一瞧，咦，这不就是那位原始人的头领吗？

他们要干什么？所有的猛犸象赶紧自动聚拢在了夏木的周围，警惕地看着那些手持长矛和火把的原始人。

奇怪的是，那头领并未走向猛犸象，而是转身走到已经快被大火彻底摧毁的棚屋跟前，放下手中的权杖，扒开杂物，从灰烬中取出了一支被熏得有些发黄的象牙。他举着这支象牙，走到夏木的跟前，忽然开口说道："英勇的猛犸象王子，感谢您救了我的孩子，请您宽恕我们吧！"

"你怎么知道我是象族王子？"夏木吃惊地望着这个原始人头领。

"您忘了？上次在断崖边我们已经有过一面之缘，您带着队伍来解救您的朋友们，您身上高贵的长毛真是让人过目不忘啊！"说着，原始人头领又转向了嘀嘀嗒，"也感谢您上次的不杀之恩！"

"可是你们杀了我的父亲，你让我怎么宽恕你们？！"夏木愤怒地喊道。

"你看看，我们部落里有这么多老人和孩子，如果我们不去捕猎，大家都得饿死、冻死，我们人类就会灭亡啊。"原始人头领面色沉重地说，"其实我也并不想滥杀包括你们象族在内的所有动物，所以我们在捕捉到猛犸象之后，因为畏惧你们的力量，只得把成年的大象杀了，年轻的小象都尽量豢养起来了。只是万万没想到，我们杀了的竟是您的父亲……"

原始人头领说着，竟单膝跪了下去，把手中的象牙高高地举过头顶："象族王子，这就是您父亲的象牙，我们一直把它当作最尊贵的神物供奉在屋顶，现在我把它归还给您，并且愿意接受您的任何惩罚！"

夏木含着热泪，用鼻子卷起了父亲的牙齿，颤抖着贴到了自己的脸上。

"夏木，他们也是迫不得已的，你就原谅他们吧。"卡拉塔用鼻子轻轻地拍拍夏木的后背。

"是啊，就请你宽恕他们吧。"嘀嘀嗒也轻声劝慰道。

夏木紧蹙着眉头，心里似乎十分纠结。好一会儿，他忽然长吸一口气，平静地对众人说："活下去，都很难，我不希望这成为我们互相伤害的理由。为了和平，我们都付出了失去亲人的代价，只希望如果有一天，我们再相遇时，还能想起今天这一幕，可以彼此手下留情。"说完，他带着众猛犸象头也不回地朝前走去。那些手持长矛、举着火把的原始人见状，都自动地闪到一旁，为象群让开了一条道路。

夏木护着父亲的长牙，带着卡拉塔、嘀嘀嗒、小可爱，还有五头被解救出来的小雄象一起离开奔雷谷，重新踏上了茫茫的雪原。当天边的曙光微微亮起的时候，他们终于回到了象群的驻地。

"孩子啊，你怎么这么不听话呢！"大首领满脸焦急地扑过来，一把抱住了夏木，"让你别去找你父亲你非不听，奔雷谷是多危险的地方呀，你都敢去闯！快让我看看，你受伤了没有？"

夏木这才注意到，母亲一夜之间竟然苍老了许多，那闪着金光的棕色毛发间已经布满了白丝。他不禁哽咽道："妈妈别担心，我一切都好好的。"

"这，这是什么？！"大首领猛然看到了夏木紧抱在怀里的那只象牙，声音突然颤抖起来。

"这是爸爸的象牙，他，已经被原始人杀害了……"夏木难过得说不下去了。

"这个叛徒，谁让他非要离开我们的家族，早就该知道会有这样的下场了！"大首领木然说道，此时风儿卷起了她那布满白丝的毛发，一瞬间她显得更加苍老了。

"大首领，您可不能冤枉了大将军啊！"一头健硕的小雄象忽然趋前一步，大声说道，"那时候，您为了促进家族繁衍，下令族里的每头雄象必须迎娶两头以上的母象，可对您痴心一片的大将军哪里肯做这样的事情啊，所以他就带着手下离开族群，到别的象群四处招募年轻的雄象，我们几个都是大将军招募来的。"

"是啊，那天大将军正准备带着我们回来呢，没想到在半途中遭遇了原始人的伏击。"另一头小雄象也站了出来，"大将军和他的几个部下都被当场杀害，而我们几个年轻的小象则被原始人抓到奔雷谷豢养了起来。"

"真的……是，是这样？！"大首领的嘴唇猛烈地颤抖起来。

"是啊，连原始人的头领都承认了。"卡拉塔长长地叹了口气，"因为夏木救了他的孩子，那头领感觉特别后悔，还请求夏木原谅他们……"

"啊——！"大首领接过夏木递给她的象牙，无比悲凉地仰天长啸一声，然后蹲下身子轻轻地抚摸着丈夫的牙齿，颤声呢喃道，"对不起，亲爱的，对不起，是我错了！"

看着沉浸在悲痛之中的大首领，所有的猛犸象都低下头，一起低声饮泣起来。这时，夏木走到了母亲的身边，语气坚定地说："妈妈，不要难过了，您看，我已经把父亲招募来的这些小伙子都带回来了，我们的族群一定能重新振兴起来，父亲在天之灵看到了，一定会为我们高兴的！"

听了这夏木的这句话，大首领渐渐止住了哭泣。她抬头望着

十二 新首领驾到

夏木，眼神中闪过一丝欣慰，那一刻，她蓦然发现自己时时刻刻都放心不下的象族小王子，已经真正长大了！

"全体象族成员听清楚了，我宣布！"大首领缓缓地站了起来，"从今天起，我将退位，由我的儿子夏木担任我们族群的新首领！"

"哇，太棒了！"卡拉塔和嘀嘀嗒开心得同时蹦了起来，小可爱和球球也高兴地大声呼喊："乌拉——夏木！大首领！"

"夏木！大首领！""夏木！大首领！"从整个象群中爆发出来的阵阵欢呼声顿时响彻天际。夏木的身影早已被狂喜的部众淹没了。

"怎么样？圆满了吗？"象群中的嘀嘀嗒朝卡拉塔挤挤眼。

"圆满！圆满！"卡拉塔拼命点头。

"那还等什么？我们走吧！"

在一片猛犸象的欢声笑语中，嘀嘀嗒"咻——"地吹响了银口哨。

"唉唉唉，等等！"卡拉塔连声叫停，却已经来不及了。随着口哨声的响起，卡拉塔眼前一黑，脑子顿时陷入了一片混沌。

等他再次清醒过来的时候，已经发现自己身在自然博物馆的"地球的家园"展台前啦。

"又怎么了啦？"嘀嘀嗒一边从卡拉塔的身边站了起来，一边不满地抱怨道，"结局那么圆满，你还要我等什么呢？来不及了啦！"

"我，我就是还有点不放心……"卡拉塔嗫嚅着。

"不放心什么？"

"冰河纪末期，人类的生存圈子越来越大，猛犸象则步步撤退，不知道夏木那个部族还会不会和原始人起冲突啊？"卡拉塔终于说出了心中的担忧。

"真是杞人忧天！"嘀嘀嗒伸过小小的鼠爪刮了一下卡拉塔的鼻子，"你要相信夏木，经过这番历练，他可不再是那个自我感觉良好的任性王子了，而是成熟干练的象族大首领啦！"

十二 新首领驾到

图书在版编目(CIP)数据

疯狂博物馆. 象族小王子 / 陈博君等著. — 杭州：
浙江大学出版社，2019.8
ISBN 978-7-308-19394-8

Ⅰ. ①疯… Ⅱ. ①陈… Ⅲ. ①科学知识－青少年读物
Ⅳ. ①Z228.2

中国版本图书馆CIP数据核字(2019)第157480号

疯狂博物馆——象族小王子

陈博君　张雨嫣　著

责任编辑	王雨吟
责任校对	牟杨茜　杨利军
绘　　画	许汉枭
封面设计	杭州林智广告有限公司
出版发行	浙江大学出版社
	（杭州市天目山路148号　　邮政编码　310007）
	（网址：http://www.zjupress.com）
排　　版	杭州林智广告有限公司
印　　刷	浙江省邮电印刷股份有限公司
开　　本	710mm×1000mm　1/16
印　　张	9.25
字　　数	78千
版 印 次	2019年8月第1版　2019年8月第1次印刷
书　　号	ISBN 978-7-308-19394-8
定　　价	35.00元